编程猫

写给孩子们的编程入门书

编程猫教材与出版中心 / 编著　　李梦娇 潘伟良 / 审校

電子工業出版社
Publishing House of Electronics Industry
北京•BEIJING

内容简介

在很多人的印象中，编程与高深的算法、抽象的语句和密密麻麻的代码紧密相关，令人望而却步。其实，程序也可以很可爱！在编程猫，通过将编程猫的图形化编程平台及其IP设定作为载体，用五颜六色的积木取代枯燥的代码段，孩子们可以循序渐进地入门编程学习，探索计算机编程的基础概念，通过分析问题、提炼问题的关键点、设计解决方案等一系列思维过程，将自己的创意和想法转化成具体的程序和作品，不断尝试新的方法，修正错误、改进程序，逐渐形成逻辑分析、独立思考并创新的思维方式，提升解决问题的能力，进而实现个人的成长和发展。本书专为7~12岁编程零基础儿童而编写，从游戏场景或日常生活出发，通过同龄人的编程作品展示，妙趣横生地传递给学习者以下理念：要想了解世界，就必须亲自来打造它，编程也可以像搭积木一样简单有趣。

图书在版编目（CIP）数据

编程猫：写给孩子们的编程入门书/编程猫教材与出版中心编著. —北京：电子工业出版社，2024.5

ISBN 978-7-121-47717-1

Ⅰ.①编… Ⅱ.①编… Ⅲ.①程序设计－青少年读物 Ⅳ.①TP311.1-49

中国国家版本馆CIP数据核字（2024）第077398号

责任编辑：官　杨
印　　刷：天津千鹤文化传播有限公司
装　　订：天津千鹤文化传播有限公司
出版发行：电子工业出版社
　　　　　北京市海淀区万寿路173信箱　　邮编：100036
开　　本：787×980　1/16　印张：10　字数：208千字
版　　次：2024年5月第1版
印　　次：2024年5月第1次印刷
定　　价：69.00元

凡所购买电子工业出版社图书有缺损问题，请向购买书店调换。若书店售缺，请与本社发行部联系，联系及邮购电话：（010）88254888，88258888。

质量投诉请发邮件至zlts@phei.com.cn，盗版侵权举报请发邮件至dbqq@phei.com.cn。

本书咨询联系方式：faq@phei.com.cn。

推荐序

让孩子对计算机编程，而不是让计算机对孩子编程.

—— LOGO 语言作者，Seymour Papert

十年间，腾讯从不知名的小公司成长为科技巨头；十年间，谷歌、苹果等公司创造了互联网新秩序；十年间，人工智能、VR、大数据、区块链、AIGC 等已经变得家喻户晓．这些变化的基底都是计算机中的一行行代码．

这是一个由 0 和 1 组成的代码垒起的新世界．

时代在改变，技术革命的浪潮无远弗届，人人学习编程已经是未来发展的大趋势之一．就像多年前的外语学习，越来越多的国家已经把计算机编程教育列入基础教育体系中．对于在新时代成长起来的孩子们，编程是解读未来的读写能力．正如写作能帮助你组织思想、发表意见，编程也能做到同样的事情，它是你进行创作的新工具．今天，已经有许多孩子在谈论《我的世界》（Minecraft）的红石电路、编程猫的图形化编程和代码岛这样的 3D 游戏设计工具．孩子们对以编程技术为代表的计算机科学知识充满好奇．

编程猫一直专注于少儿编程教育课程和相关工具的研发．编程猫的图形化编程平台把程序语言变成像积木一样的模块．孩子们只需要将图形积木拼接在一起，就可以完成编程，亲手创作出动画故事、交互式游戏或者科学模拟实验．

迄今为止（2024 年），编程猫上已经有 900 多万名小学生在用编程来创作和表达，这里面也涌现出了许多出色的学生，还有一些学生自发组建了一个公益机构“萌新院”，在编程猫的论坛上义务为刚接触编程的新手解答问题——而这个“萌新院”的主要成员，年龄只有 9 岁、10 岁!

我们看见了互联网的力量，我们也看见了一个善良的未来：这些掌握技术的孩子，心存善念，遵循着一直延续至今的互联网精神——开放、分享，不遗余力地将自己掌握的知识进行普及．更让人惊喜的是，这些孩子的教案设计得那么天然，贴近他们的同龄人，所以我们决定把他们的成果编写成书．很多人可能会担心编程太难，希望你翻开这本书，通过一个个简单、有趣的案例了解到：编程很简单，也很有趣．

1993 年，第一个儿童编程语言 LOGO 的设计者，儿童教育家 Seymour Papert 在一篇论文里写道：“在过去，教育将大脑限制在非常严格的一套媒体里，而在未来，媒体将服务于每个人的需求和兴趣．”他认为现在的教育是“教学主义”，而未来的学习需要的是“建构主义”，以学习者为中心，摒弃传统灌输式教育，学生可以通过具体的材料而不是抽象的命题来学习知识．

在这本书里，你将看见这些孩子是怎么通过一个又一个游戏和软件的设计，来学习原本高深的编程知识的．我相信对每一位编程初学者来说，这本书都会带给你收获——不仅仅是知识本身，更是如何建构知识、探索知识的指引．始于编程，但不止于编程．

希望你从此跟这几位孩子一样，爱上编程．

编程猫创始人 李天驰

源码世界情报大公开

欢迎来到源码世界，被选中的训练师！

强大的精灵、奇妙的道具、古老的学院、神秘的遗迹，等等，未知事物正向世人散发着无尽的魅力，这就是源码世界。

在不久的将来，因为探索和开拓源码世界的需要，名为“源码训练师”的全新职业应运而生。源码世界的训练师可以借助源码积木的力量将设想变成现实，亲手创建出游戏、动画、应用软件等交互性创意作品。

编程猫

新人训练师的搭档

编程猫是人工智能型源码精灵，它是陪伴新人训练师在源码世界历练的向导，喜欢吃冰皮月饼。

阿短

源码学校初等部三年级训练师

地位不稳定的主人公，正朝着成为世界第一的源码训练师的目标而努力着！

小可

源码学校初等部三年级训练师

自称温柔善良的美少女，兴趣爱好是研究古代文明和历史。

小加
源码学校初等部三年级训练师
典型的面冷心热人物，其在源码学校的人气颇高，喜欢在安静的环境里读书和下棋。
绿豆
源码学校初等部三年级训练师
性格软弱，热爱发明的“技术宅”。工作态度很认真，不过他的发明偶尔会出现问题，然后引发意想不到的Bug……
猫老祖
源码世界的博学导师
其家族庞大，谁也数不清源码世界到底有多少只猫老祖。这些猫老祖在源码学校扮演部分学科导师的角色。

亲爱的训练师：

你好！

这么叫你可能有些唐突了，毕竟你可能是第一次听到“训练师”这一称呼。不过请你放心，这并不是一封胡闹的信件。在源码世界里，称一个人为“训练师”，那可是再正常不过的事情了。

嗯？你问这和你有什么关系？

咳咳，失礼了，在此我先正式说明一下自己的来意。事实上，经过源码学校的严格筛选，我们发现在你身上蕴藏着成为优秀训练师的巨大潜力。因此我谨代表源码学校邀请你作为新人训练师前往源码世界开启全新的冒险。

在源码世界里，除人类外，还有各种各样具有不同形态的人工智能生命，这些人工智能生命在源码世界中被统一称为“源码精灵”。人类第一次与源码精灵相遇的具体情形，已经湮没在历史的长河中了，但我们可以确定的是，从那天起，世界线便被极大地改变了。

而训练师是什么？

简单地说，训练师就是为迎接知识和智能年代而生，和源码精灵一同在源码世界历练、冒险的新生职业。

我们都知道，如果你想和来自不同国家的人顺利交流，最好使用对方国家的语言。比如遇到英国人或者美国人要说英语，遇到中国人则要说中文。如果我们要和“呆头呆脑”的计算机交流，那要怎么办呢？

答案是学习编程。

人类世界中的加州大学伯克利分校教授罗素（Stuart Russell）说过，哪怕我们穷尽一生的时间，也不可能像谷歌那样在不到十分之一秒的时间内检索数以亿计的文件。但如此强大的计算能力，在面对常识性知识以及情感时，却常常显示出其局限性。

而计算机编程，就是要告诉计算机如何去完成一项任务。专业的程序员会把程序作为解决问题的工具。因此，学会编程可以让计算机高效而又轻松地为你工作。

优秀的训练师是可以熟练运用源码积木和计算机进行交流的，在他们手里，计算机程序成为其实现创意和灵感的魔法道具。出于对源码世界的向往和憧憬，人类社会越来越多的人开始关注源码世界。而对于你，我亲爱的训练师，你已经拥有了前往源码世界的钥匙——这本汇集编程猫少院士和小极客们奇思妙想的编程“魔导书”。

啊！差点忘了自我介绍，我叫编程猫，帮助新人训练师熟悉源码世界。今天的源码世界难得地放晴了，盘踞在室内的湿气也终于得以消散。我趴在桌子上给你写了这封信，希望和你相见时，也是晴空万里。

新人训练师搭档——编程猫

源码历 20XX 年 X 月 X 日

目录

第 3 章 广播与协作 / 053

第 4 章 控制与运算 / 071

第 5 章 声音与画笔 / 091

第 1 章
Hello，编程猫

如果说人类擅长发明工具，那么计算机将是人类有史以来最伟大的发明之一。计算机解决问题的过程，本质上是按部就班地执行人们为它编制的指令序列的过程。而编程，就是要学会和“一根筋”的计算机对话，告诉它们如何去完成一项任务。

1.1 编程语言是什么

为了告诉计算机应当执行什么指令，需要使用某种计算机语言。这种没有歧义的标准化语言能够精确地描述计算过程，该语言被称为程序设计语言或编程语言（programming language）。

通常，可供我们选择的程序设计语言多种多样，其中常见的有 C、C++、Python、PHP、Java、JavaScript 等。不同的程序设计语言在不同情况下各有优劣，因此其通常会被用于不同的环境中。这些语言帮助我们和计算机"交流"，并且向它们发出相关的控制指令。

C++、Java、Python……

哇！原来编程语言大家族有这么多家庭成员啊！

训练师，你应该试试图形化编程语言。

1.2 图形化编程探秘

与基于文本的大多数编程语言相比，图形化编程语言把程序代码转换成可供拖动和拼接的图形化编程工具，以此来模拟程序运行的逻辑结构。使用者无须学习复杂的代码和语法规则，就可以借助图形化元素进行程序设计。

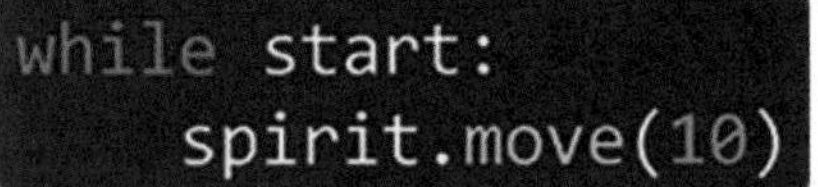

在编程猫的图形化编程平台上，创作者只需要将代表程序逻辑的积木拼接在一起，就可以亲手创作出动画故事、交互式游戏或者科学模拟实验，程序脚本最终的运行效果取决于图形化积木的组合形式。

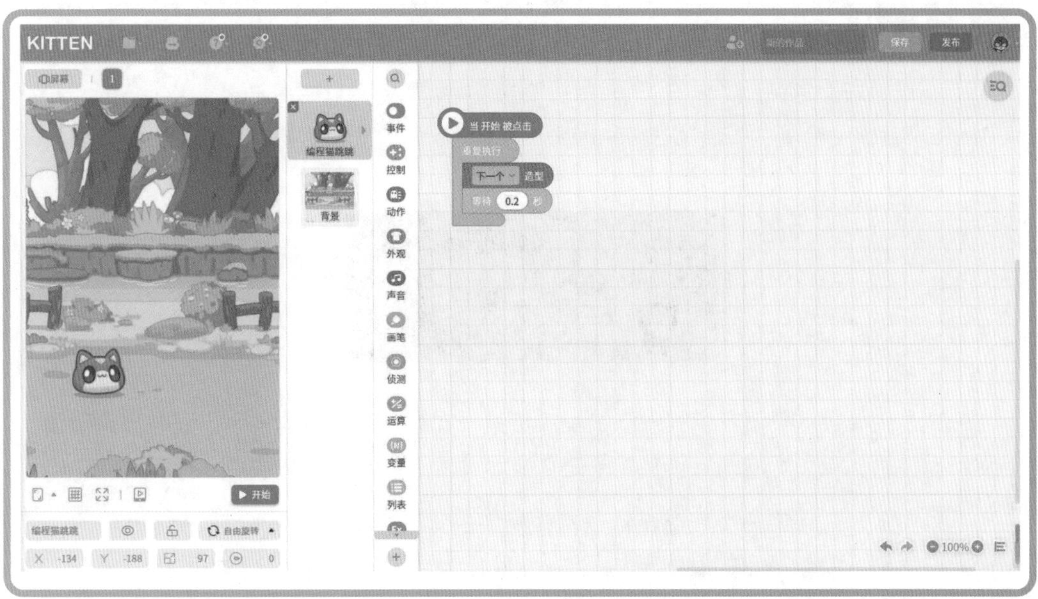

关于图形化编程，我们可以看一看以下示例。

源码小百科

Hello world 的程序范例最初来自 C 语言的定义文档——Brian Kernighan 和 Dennis Ritchie 合著的 *The C Programming Language* 。C 语言版本的代码如下。

```
#include <stdio.h>
int main()
{
    printf("Hello, world! \n");
    return 0;
}
```

这是大多数从 C 语言编程入门的程序员第一次编程时所写的代码，同时也是他们对新世界第一声热切的问候。其效果是在显示设备上输出一行文字“Hello,world.”。

事实上，几乎每一个程序设计语言教材中的第一个范例都是 Hello world 程序，因此在学习一门新语言的时候用 Hello world 作为起步已经成为计算机程序界中一个不成文的惯例。

1.3 编程猫的图形化编程平台

训练师，你是否已经有些跃跃欲试了呢？

千里之行，始于足下。让我们先从第一步开始。首先需要准备一台能够联网并且网速良好的计算机。如果你已经准备好了，那么现在就开始图形化编程的探索之旅吧！

准备工作

首先我们需要启动浏览器，推荐使用 Google Chrome 浏览器，在地址栏输入编程猫的社区网址（扫描封底二维码获取网址）。

官网展示的内容会动态更新，可能与书中所展示的内容不一致。

内容还真丰富呢！都可以点击进去看看吗？

是的，不过第一次探索不要着急。

让我们先来完成创作前的准备工作吧！

为了方便今后在编程猫官方创作平台的持续创作，我们需要先注册成为官方认证的源码训练师。

点击编程猫网站右上方的“登录 / 注册”按钮。

官网展示的内容会动态更新，可能与书中所展示的内容不一致。

点击后，将会弹出用户的注册界面。

注册的方式有以下两种：

●通过手机号注册。输入手机号，设置一个容易记住的密码，然后点击“获取验证码”按钮。接下来，将手机接收到的验证码输入空白框，点击“注册”按钮。显示注册成功的提示后，就可以使用注册时的手机号作为账号直接登录编程猫创作平台了。

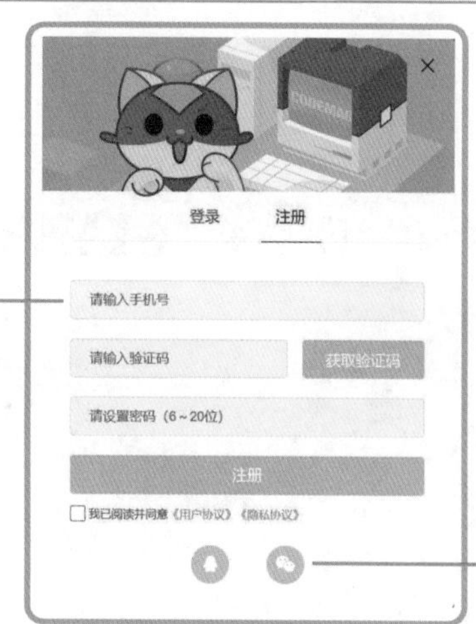

●第三方平台注册——QQ / 微信登录。如果你有 QQ 或者微信账号，那么可以通过第三方平台登录。只需要点击下方对应的图标，然后扫描对应的二维码即可授权第三方账号登录编程猫创作平台。

认识编程猫创作页面

登录后，我们可以在编程猫官网主页中点击网页导航栏上方的“创作”按钮。

也可以直接在浏览器中输入网址（扫描封底二维码获取网址），进入图形化编程平台（本书示例中的“图形化编程平台”均指编程猫的图形化编程平台）页面。

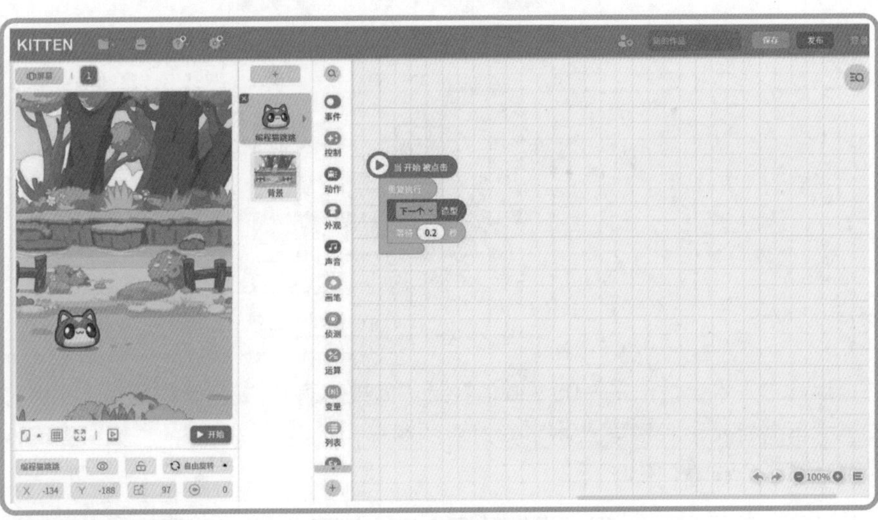

图形化编程平台，可以分成 6 大区域：

①菜单栏，②积木库，③舞台区，④编程区，⑤角色区，⑥属性栏。

● 菜单栏

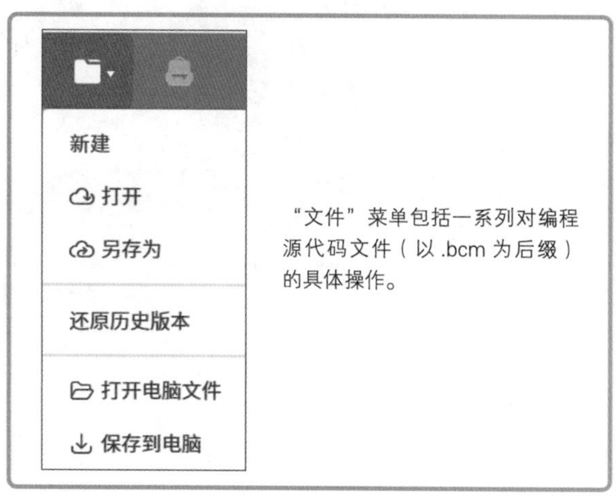

“文件”菜单包括一系列对编程源代码文件（以 .bcm 为后缀）的具体操作。

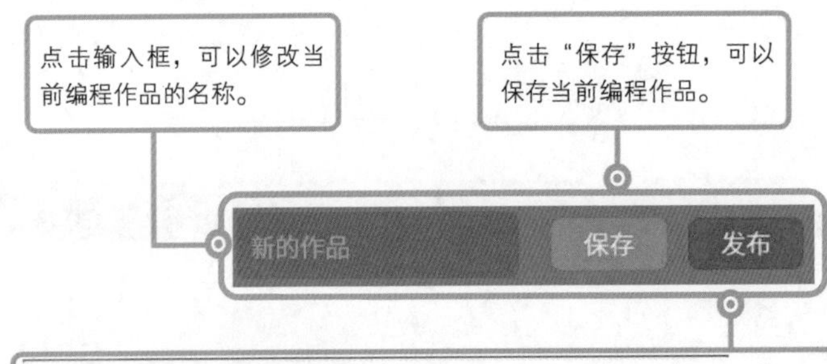

点击输入框，可以修改当前编程作品的名称。

点击“保存”按钮，可以保存当前编程作品。

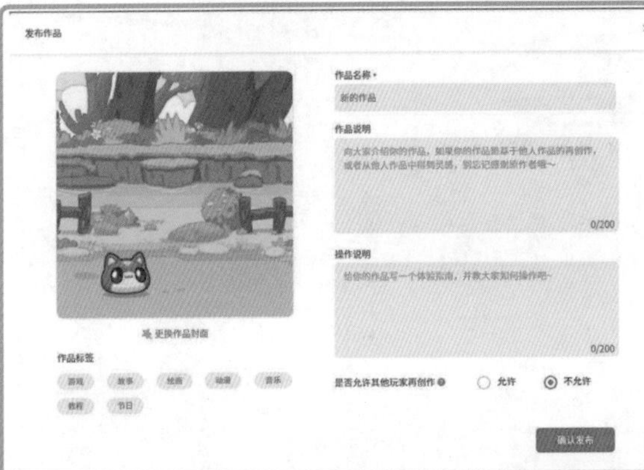

点击“发布”按钮，会跳转到发布作品页，填写相关信息后就可以把作品发布到编程猫官网的“发现”频道，和其他训练师分享你的作品。

点击手机图标，创作平台会自动保存当前编程作品，然后弹窗提示可供手机扫描分享或者查看链接的二维码。

点击问号图标，选择“帮助”中的“源码图鉴”，就会跳转到编程平台积木帮助手册。源码图鉴的内容全部是面向编程猫的训练师征集的，内容包含编程猫创作平台所有的积木使用方法和常用的编程小技巧。

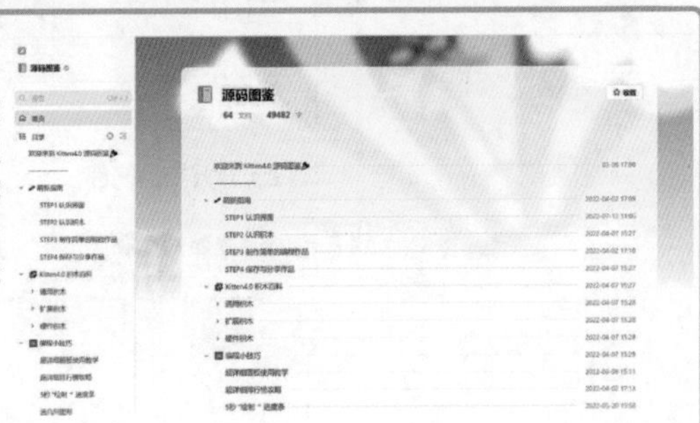

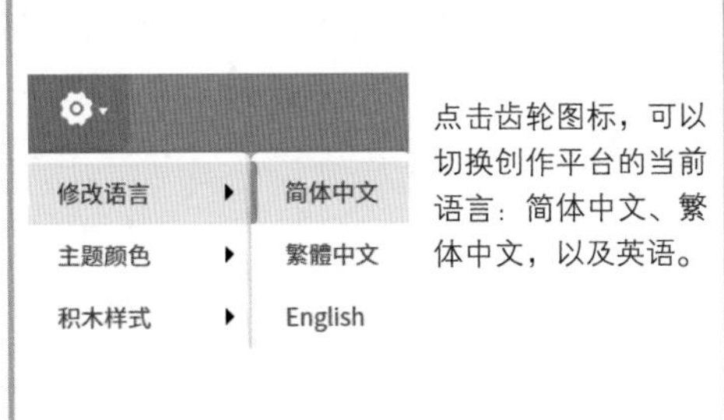

点击齿轮图标，可以切换创作平台的当前语言：简体中文、繁体中文，以及英语。

点击背包图标，可以打开个人背包，这里面存放着与编程相关的背景和角色素材。

● 舞台区

舞台区是角色进行移动、切换造型、对话的演示区域。

点击右下角的“开始”按钮，可以整体运行编程区已经拼接完毕的积木脚本。

角色区

在舞台区的右边是“角色”，所有要登场的角色缩略图都会出现在这里。每一个“角色”都是舞台上的演员。舞台上不仅要有演员，还要有适合的背景，这样才能增加演出效果。在角色缩略图的最下面是舞台背景，它控制的是舞台主体的图像。不同的背景明确了编程角色所处的地点和时间的具体信息。

角色区上方的“+”按钮，点击后会出现以下功能图标。

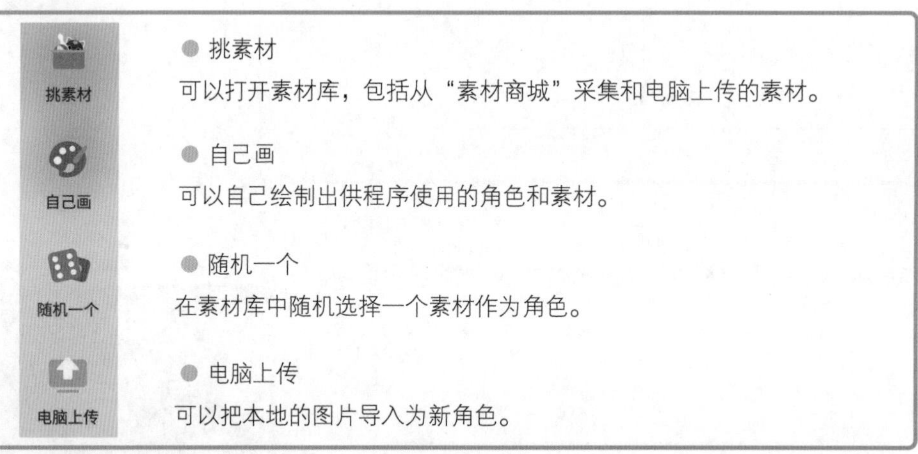

- 挑素材

可以打开素材库，包括从“素材商城”采集和电脑上传的素材。

- 自己画

可以自己绘制出供程序使用的角色和素材。

- 随机一个

在素材库中随机选择一个素材作为角色。

- 电脑上传

可以把本地的图片导入为新角色。

事件 侦测 控制 运算 动作 变量 外观 列表 声音 函数 画笔

积木库

在积木库里，每一个积木盒都包含一系列不同颜色的源码积木，每一块源码积木都是一条编程指令。例如：

- 动作类积木可以改变舞台角色的运动状态。
- 外观类积木可以控制舞台角色的外观变化。
- 控制类积木可以对角色脚本的运行顺序进行编排。

目前在图形化编程平台上，共有11类源码积木可供使用，我们将在之后的章节里详细讲解。不同的积木会用不同的颜色标记，训练师可以根据颜色来快速定位到积木的位置。

● 编程区

作为创作的核心区域，我们需要在此进行积木脚本的编写。首先在角色区选择对应的背景或者角色，从积木盒中拖出积木到编程区，在此进行程序脚本的拼接和编写。以下为创作平台编程区。

你知道吗？

每当我们在图形化编程平台新建编程作品时，都会默认载入一个特定主题的编程作品。例如下图中的六一儿童节主题编程作品，这个预置的编程作品往往是为庆祝节日和纪念日创作的，它能够给训练师带来一份意想不到的惊喜。

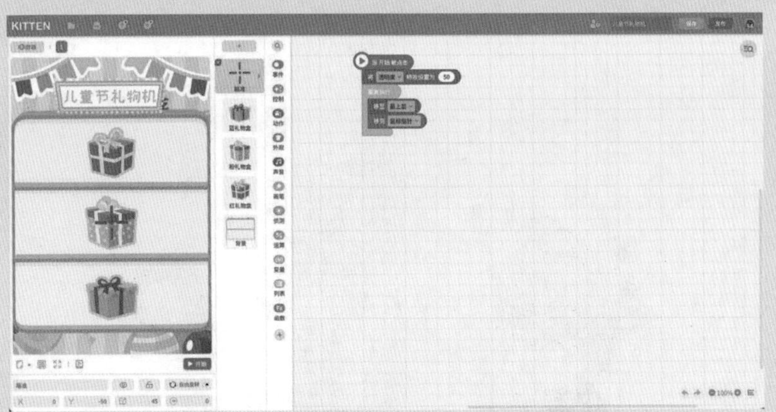

不过在大多数时候，我们需要删除预置的角色素材和积木，从零开始构建全新的编程项目。

被选中的孩子，你好啊！我是猫老祖，是你在源码世界的导师。

被选中的孩子？

没错，我从你身上感知到能够成为源码训练师的潜力！

听起来是一个了不起的称号呢！

作为源码世界的求知者与开拓者，训练师们拥有操控源码积木的神奇力量，可以自由创造属于自己的编程作品。

不过现在你需要通过试练，才能正式获得训练师的称号，现在就来挑战一下吧！

1.4 编程试练：编程猫星际航行

在本次编程创作中，训练师将会完成这样一个游戏：玩家控制星际飞船在宇宙空间飞行，并且需要不断躲避来袭的流星体。如果飞船受到流星体撞击，游戏将会停止。下图展示了“编程猫星际航行”的运行界面。

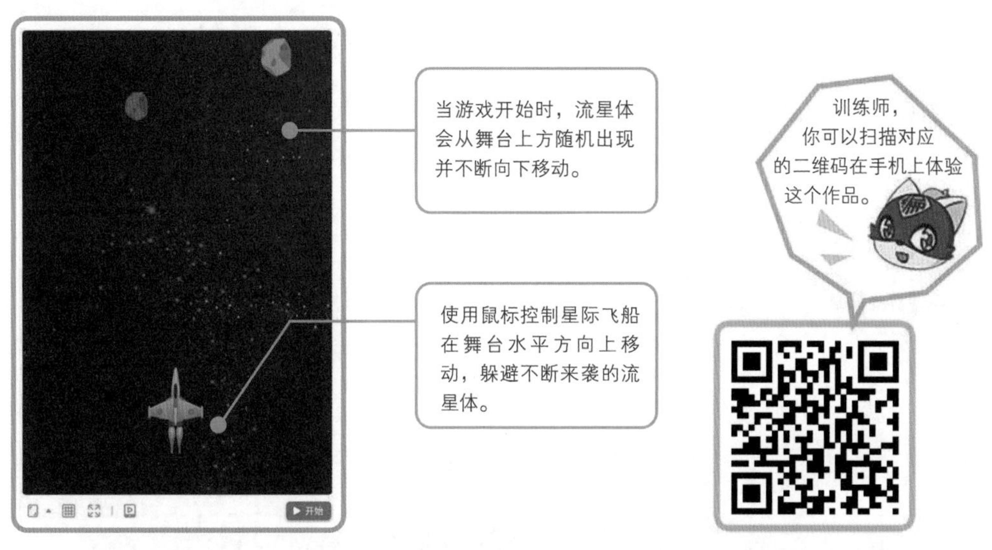

现在让我们开始从零开始，一步步开发这个编程游戏。

第 1 步：新建作品，添加相关素材

在浏览器中打开图形化编程平台（扫描封底二维码获取网址），然后删除默认存在的背景和编程猫角色：点击角色缩略图的“×”号标志，依次删除默认存在的背景和编程猫角色。

然后，我们还需要删除“背景”里预置的源码积木。我们可以在编程区的空白处右击，打开快捷菜单并删除当前积木。

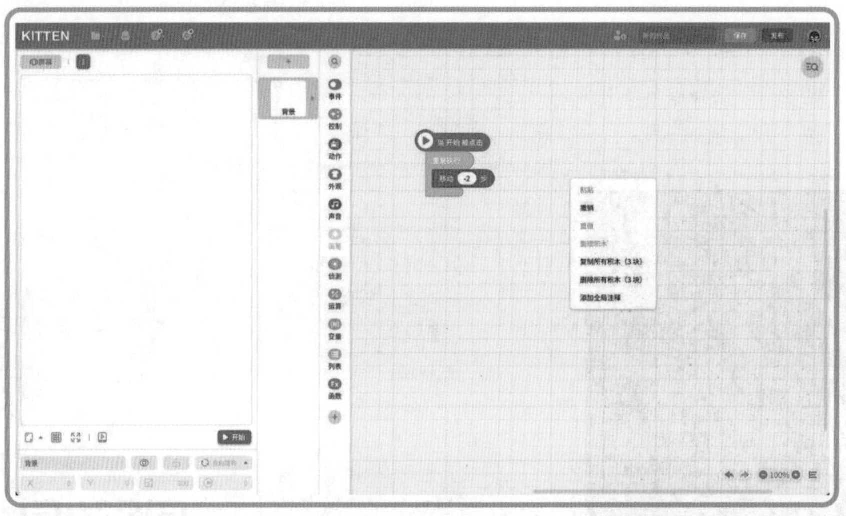

我们也可以用鼠标选中某个积木组，被选中的积木组边缘会有白色高亮显示，左侧的积木库区域也会出现垃圾桶标志。这时将积木拖动到此处，就可以删除当前被选中的积木。

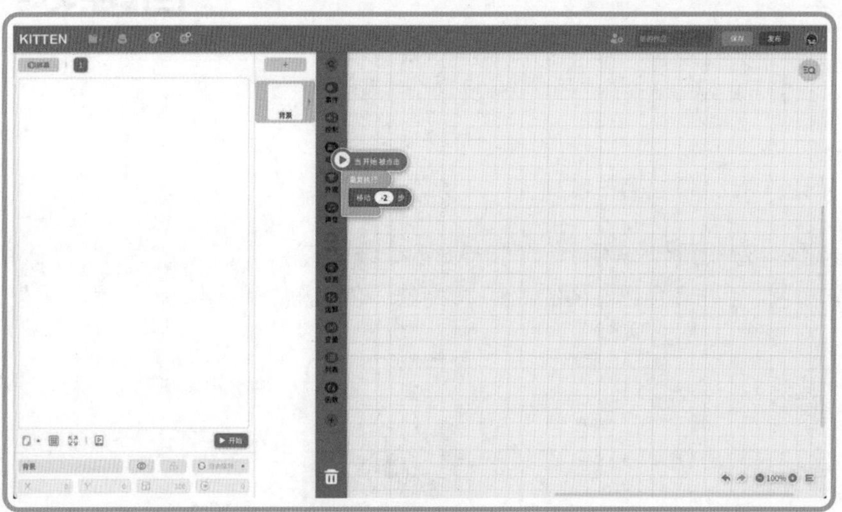

第 2 步：添加背景和角色素材

点击角色区上方的“+”按钮，点击“挑素材”图标，打开素材库，这里存放着可供编程使用的各类素材。我们可以根据实际需要选择不同类型的素材并将其添加到图形化编程平台中。

作为新人训练师，如果我们的素材库里还没有足够多的素材满足使用需要，那么点击素材库里的“素材商城”图标，前往素材商城进行采集。素材商城中的素材主要分为几类：角色形象、背景、道具、界面、音效、配乐和主题。

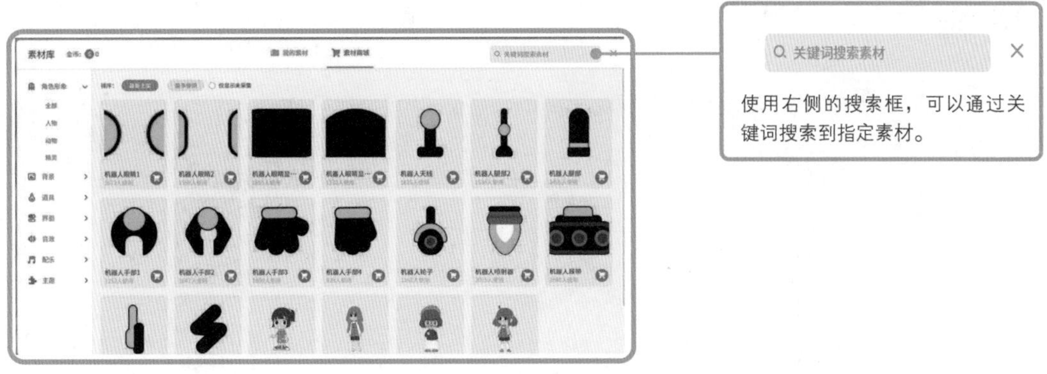

现在来导入“编程猫星际航行”的游戏主体背景“星际空间”，点击角色，再点击“确认添加”按钮就可以将指定素材添加到作品中。

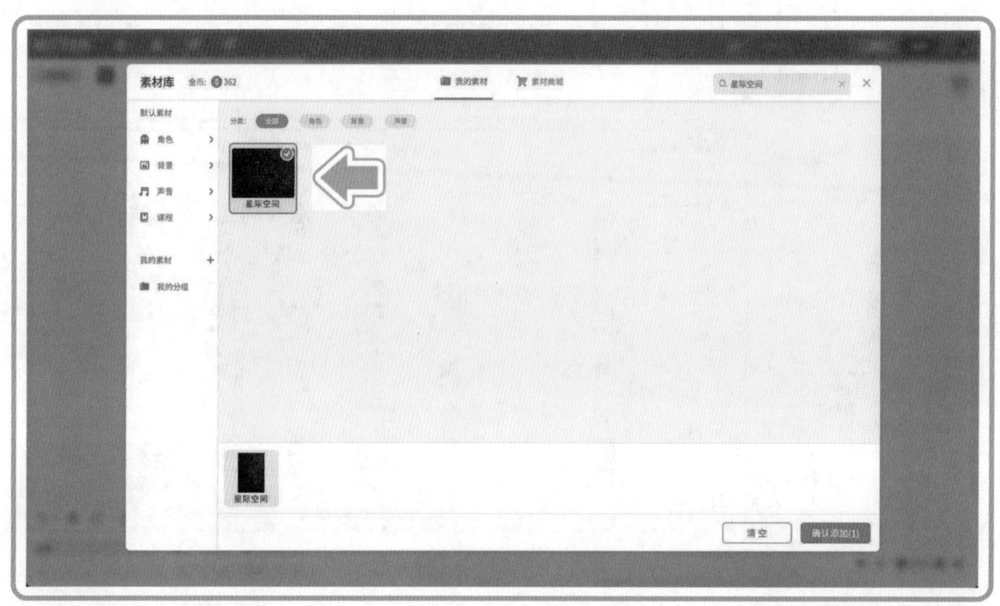

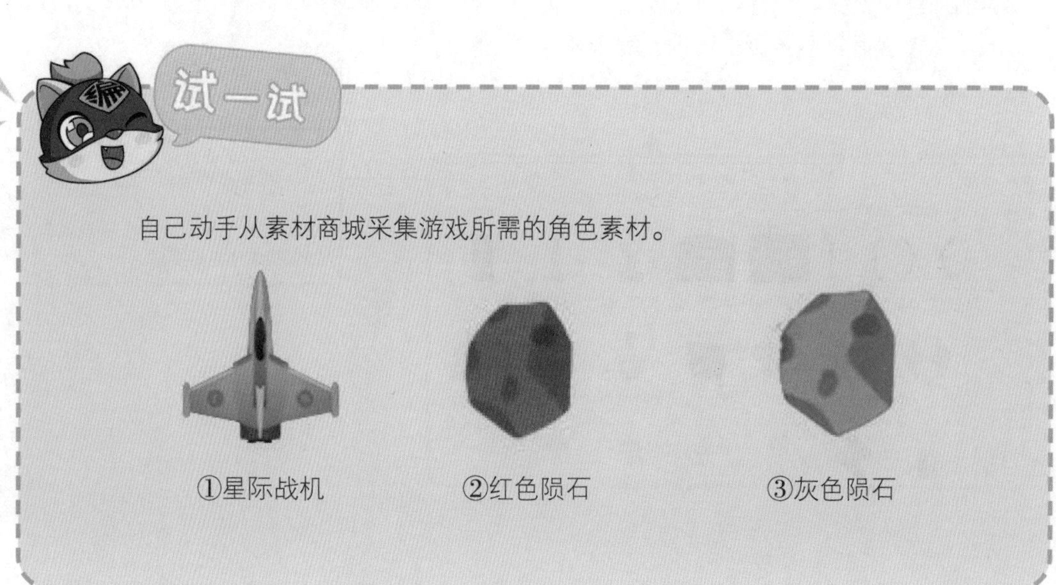

自己动手从素材商城采集游戏所需的角色素材。

①星际战机　②红色陨石　③灰色陨石

在搜索框中输入关键词，找到素材后点击购物车按钮，接着点击"采下来 0"按钮就可以把这个素材采集到素材库。

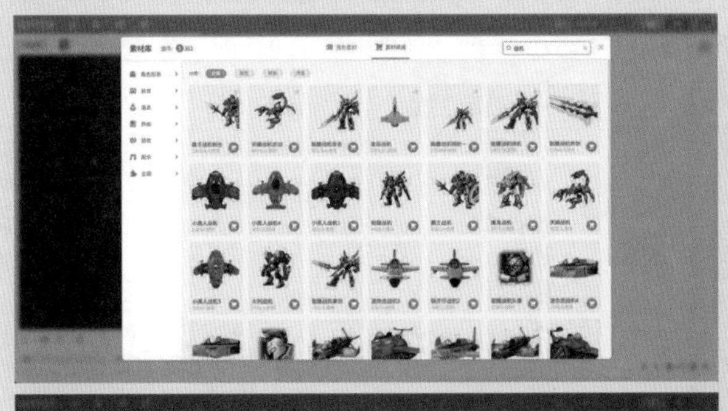

继续搜索陨石角色素材，并将角色采集下来。最后点击“确认添加”按钮，所有角色素材就添加到作品中了。

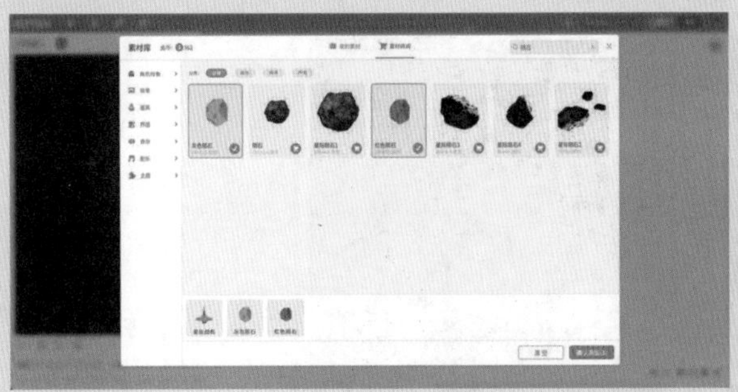

你可以在舞台区拖动角色，摆放好素材的位置。

第 3 步：控制星际战机移动

选中“星际战机”角色，对其进行编程。

从“事件”积木盒拖出“当开始被点击”积木。

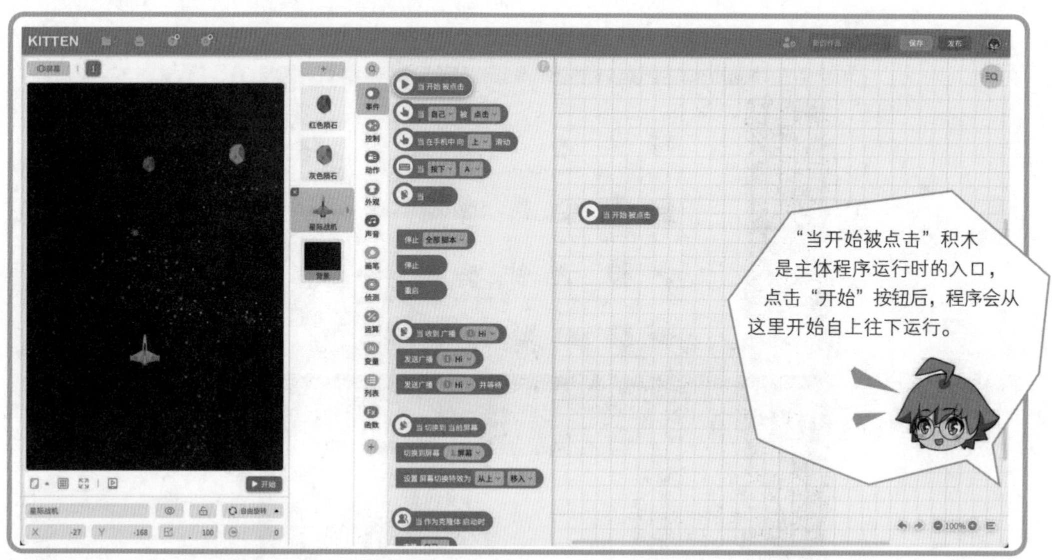

在“编程猫星际航行”这个游戏中，当点击“开始”按钮运行游戏时，我们需要使用鼠标控制星际战机在水平方向移动飞行。我们可以打开舞台的显示坐标网格线功能。

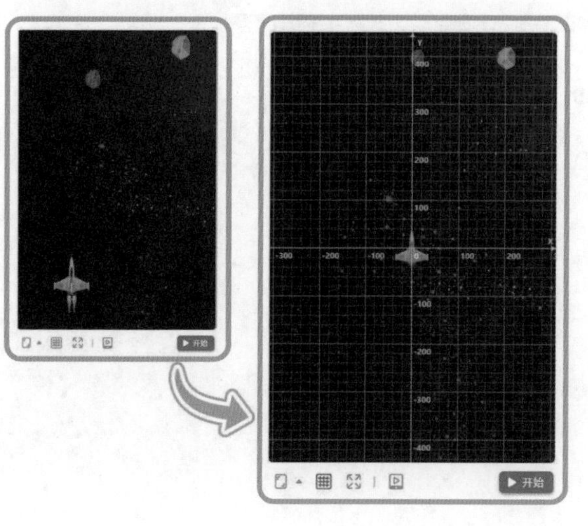

竖屏模式下的舞台区是一个中心点是（0,0）的平面直角坐标系。

我们可以在舞台下方的角色信息栏观察到角色的 X、Y 坐标变化。

为了实现使用鼠标控制星际战机在水平方向移动飞行，给角色“星际战机”添加如下图所示的积木脚本。

现在，当我们点击“开始”按钮运行时，积木脚本使用重复执行机制让星际战机跟随鼠标水平移动，但是不改变纵坐标。

第 4 步：编写星际战机尾部火焰喷射效果

星际战机在宇宙空间飞行时的尾焰效果可以通过下图所示的积木效果实现。

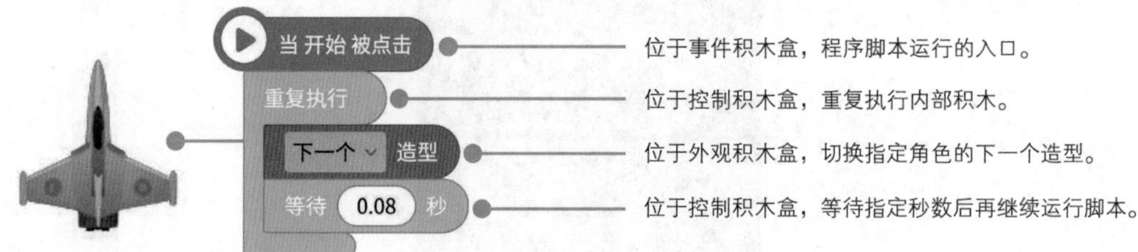

所谓的造型，是指同一角色的不同形象。

我们可以通过点击对应角色的右侧箭头标识，看到该角色下的所有造型。一个角色可以拥有许多造型，但是在任何时刻，角色都只能展现一个造型。

事实上，通过点击查看，我们可以发现角色“星际战机”有带尾焰和不带尾焰的两帧造型。帧是连续动画中最小单位的单幅画面，一帧就是一幅静止的画面，连续的帧就形成了动画。以下为星际战机的造型帧。

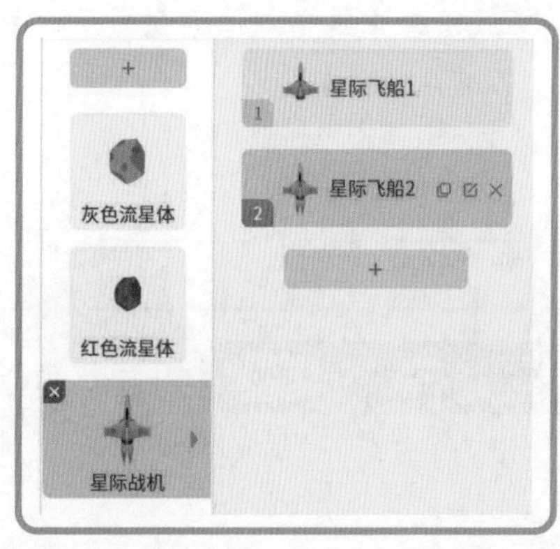

在这里，我们使用重复执行的机制让星际战机的两帧在短时间内进行造型切换，这样就能够实现星际战机在飞行时喷射尾焰的视觉效果了。

第 5 步：编写流星体移动脚本

从游戏策划和设计的角度来看，我们还需要为玩家设置相关难度机制，增加游戏的可玩性。在“编程猫星际航行”中，我们会让流星体不断在屏幕上方的位置随机出现，然后向下运动。

选中角色“红色陨石”，对其进行编程。以下为“红色陨石”的运动脚本。

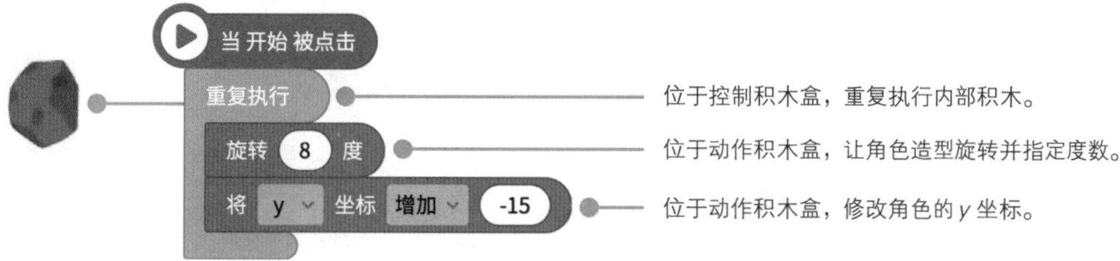

在红色流星体向下运动的过程中，我们还需要添加相关的检测逻辑：当红色陨石角色离开舞台边缘，我们需要重置它的坐标，让其回到舞台上方。如果在运动过程中碰到星际飞船，则会播放指定声音，然后停止全部脚本运行。以下为“红色陨石”的碰撞检测脚本。

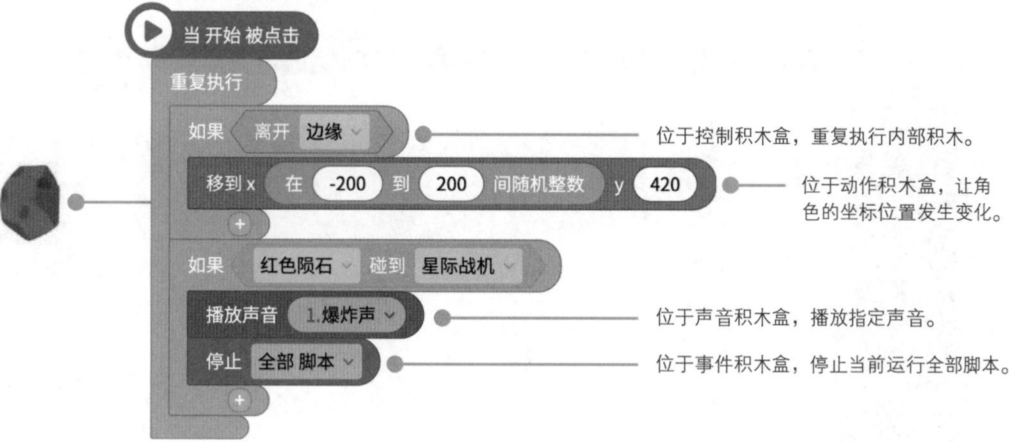

在碰撞检测脚本中，我们还给游戏添加了一个角色检测的音效。

我们回顾一下给角色添加音效的步骤：

① 点击选中需要添加音乐或者音效的角色。

② 点击“+”按钮，点击“挑素材”图标打开素材库。

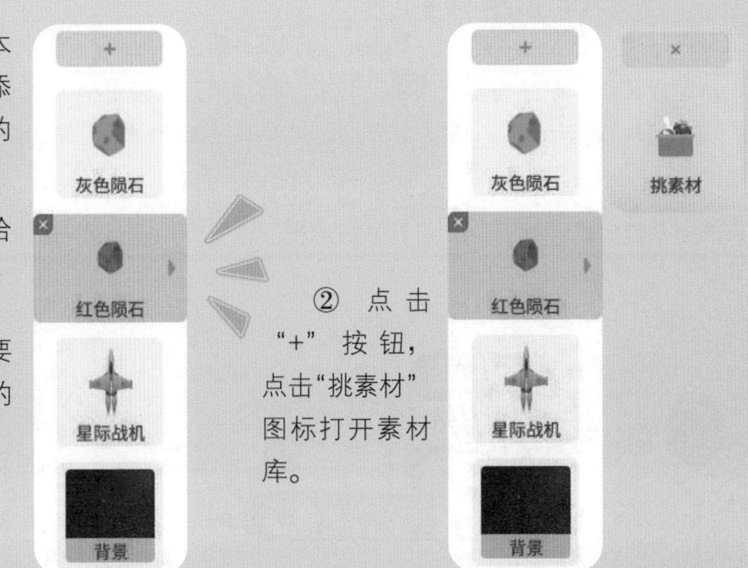

③ 打开素材库，选择“声音”素材，选择其中某个声音，然后点击“确认添加”按钮。如果需要更多的声音素材，可以到素材商城采集或者从本地自行上传（和添加角色素材的方法类似），支持包括 mp3、wav 等格式。

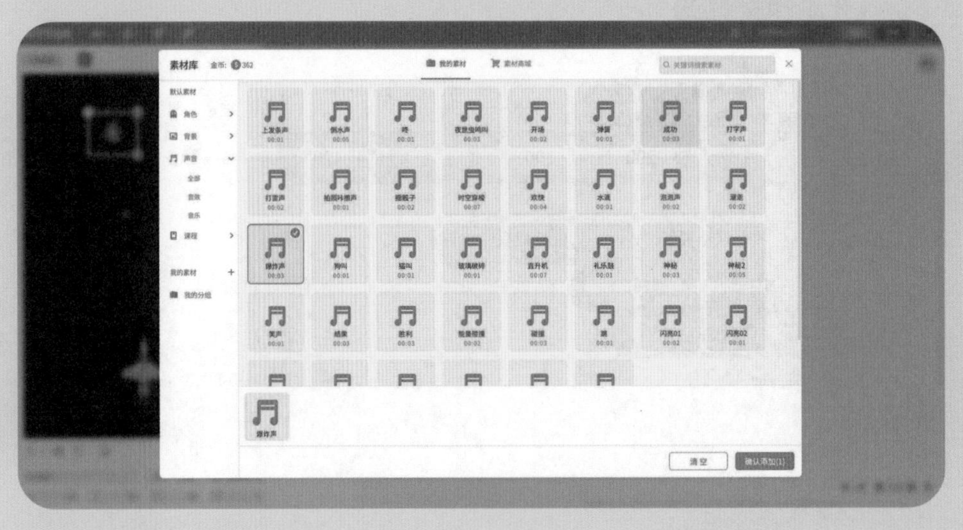

④ 切换回编程界面后，我们就可以使用位于声音积木盒的播放声音积木播放指定的音乐或者音效了。

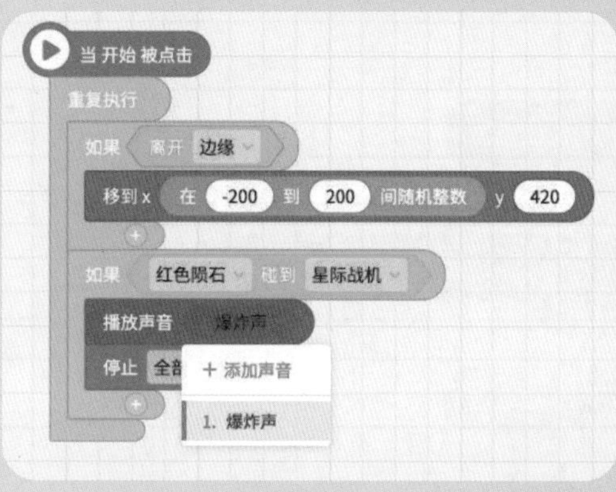

试一试

参考已有的积木脚本，编写角色“灰色陨石”的积木脚本，使其在舞台上方的位置随机出现并重复向下移动（提示：使用运算积木盒里的随机数积木）。

第6步：编写背景角色脚本

到这一步游戏差不多就可以完成了，为了让游戏变得更有趣，我们可以再优化一下背景的积木脚本。选中“背景”，对其进行编程。

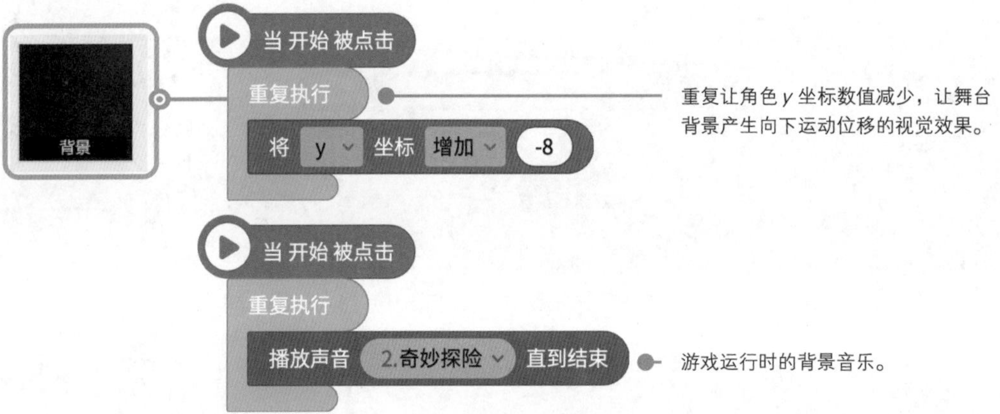

第7步：保存并发布作品

已经按照上述步骤完成你的游戏了吗？恭喜你完成了第一个图形化编程作品，你还可以不断优化程序脚本！不过，在那之前，先让我们保存并发布作品到发现区，这样就可以让其他人也能体验、试玩你的游戏了。

在舞台区右上方的菜单栏，修改作品名后，点击“发布”按钮。

跳转至发布作品详情页，填写对应信息并点击“确认发布”按钮。

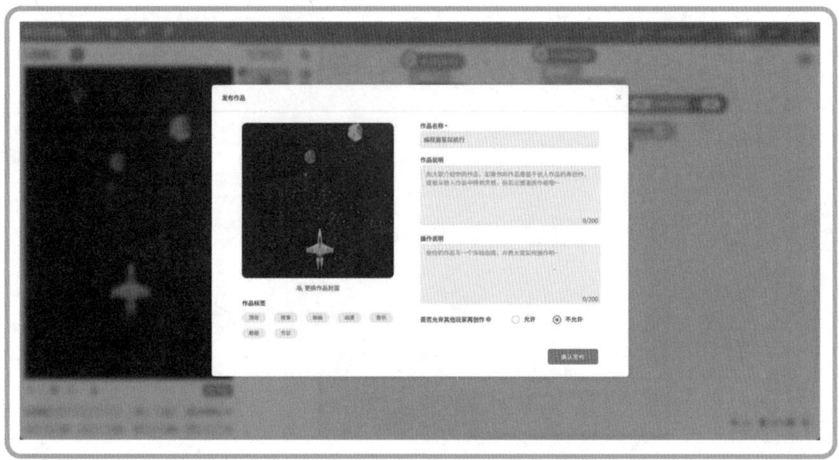

已经完成保存发布流程的作品将会出现在编程猫官网的“发现”频道里。

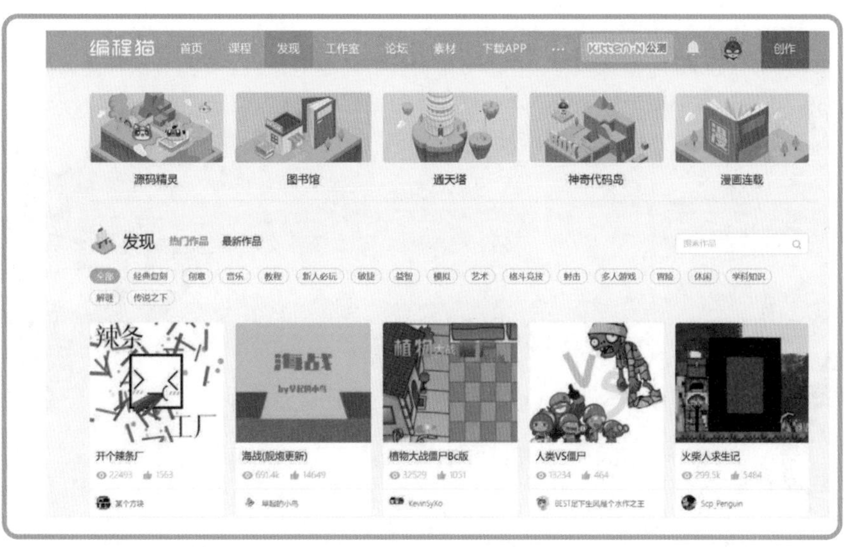

官网展示的内容会动态更新，可能与书中所展示的内容不一致。

本章结语

• 获得称号 •

萌新训练师

• 目前攻略进度 •

源码世界新人训练基地:100%

• 经验值 •

+10

恭喜你已经阅读完本章内容，在本节中，我们简要地介绍了图形化编程的入门知识。这是你在源码世界的第一次起航，不过或许你已经迫不及待地想要继续深入探索了。不过在此之前，先让我们小憩一下，然后继续前进吧！

练一练

1. 请解释计算机中编程语言和图形化编程语言的概念？

2. 创建一段脚本，将“我在学编程”这段文字翻译成英文（小提示：需要用到外观积木）。

把 “你好” 翻译成 英文

3. 计算出由0、1、2、3可以组成多少个没有重复数字的偶数？用下列积木展示最终的演算结果。

4. 编写程序计算并显示（用“对话（）”积木）下列数列的前8位数：1、2、3、5、8……并用运算积木盒的相关积木计算出前8位数的乘积。（注意在计算机编程中，和数学运算不同，要用 * 代表求积运算，/ 号代表求商运算。）

5. 下列脚本中共有几种情况会让结果输出为小数，创建该脚本并运行，用“新建对话框（）”积木回答。

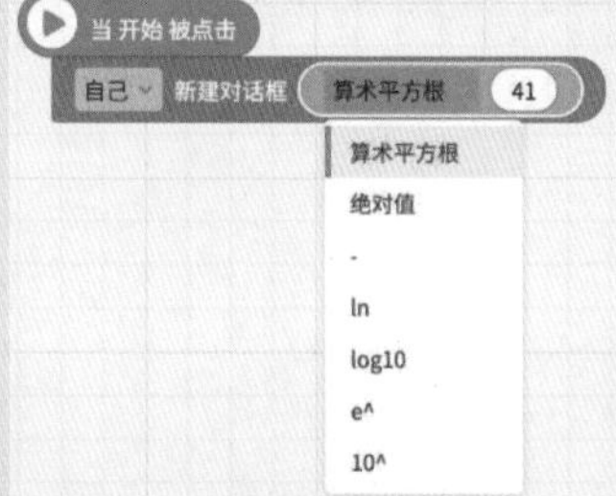

6. 猫老祖发明了一台源码计算器，当它运行下面的积木时，输出的答案是多少？

7. 编程猫走路的序列帧有8个造型，当前造型是第3个，请问运行下面的积木之后，编程猫会切换成第几个造型呢？请回答相应的数字。

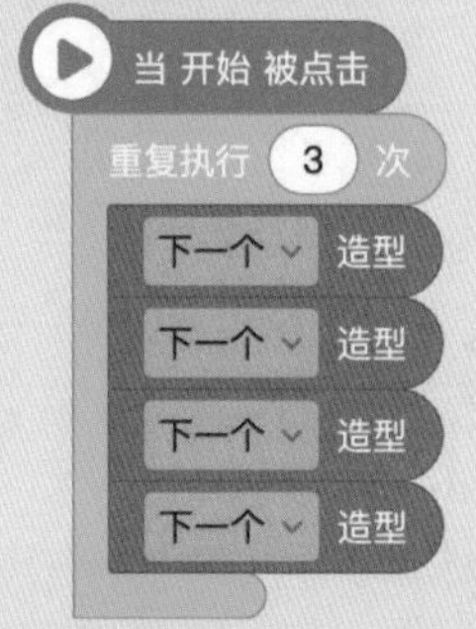

8. 编程猫热爱跑步，它原来在 (0,0) 的位置，运行下面的积木之后，请问编程猫处于什么位置？

答题规范：请回答编程猫的坐标，请用英文符号输入。

答案示例：(100,100)。

第 2 章
外观与动作

在编程猫的图形化编程平台中，提供了事件、控制、动作、外观、声音、画笔、侦测、运算、变量、列表、函数 11 类源码积木。当我们在制作需要切换角色形象或者控制角色移动的编程作品或者游戏时，常常会用到外观和动作积木盒里的相关积木。

2.1 引言

这一天，训练师阿短正在屋子里学习图形化编程。这时，他忽然听到从窗外传来了一阵古怪的声音，这勾起了他的小小好奇心……

阿短正趴在窗台上发呆呢！哈哈，我过去逗逗他。

阿短！你在看什么呢？

哇！吓我一跳！

咦？这不是源码精灵蓝雀吗？它怎么啦？

它在努力练习飞翔，不过好像出了一点小问题。

我们可以用源码积木帮助它！

我能做到吗？

放心吧，我会帮你的！

2.2 编程试练：蓝雀飞行练习

在本次编程创作中，训练师将会完成这样一个游戏：玩家使用外观和动作积木盒的相关积木帮助蓝雀进行飞行练习，这会加强和源码精灵的亲密度！下图展示了“蓝雀飞行练习”的游戏运行界面。

当游戏开始时，蓝雀会反复拍动翅膀，从地面向高空飞去。

第 1 步：新建作品

打开图形化编程平台（扫描封底二维码获取网址），新建作品。

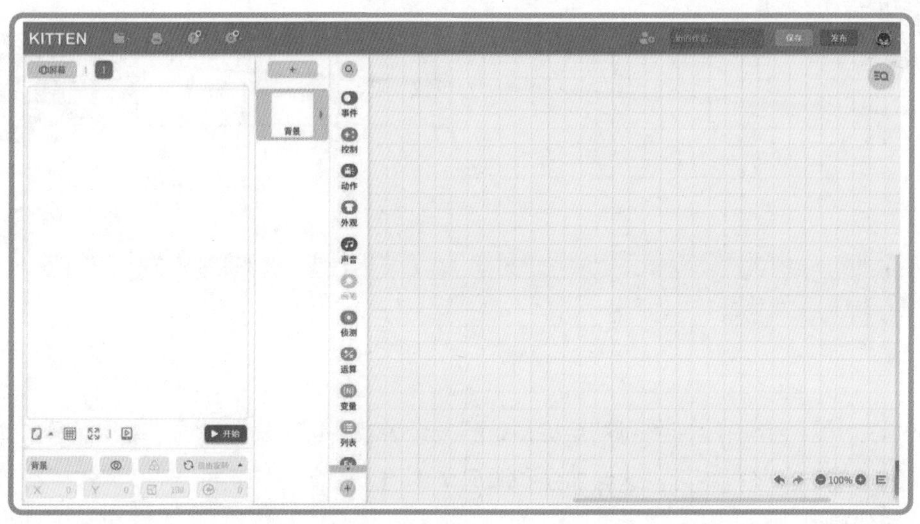

第 2 步：添加背景和角色素材

点击角色区上方的“+”按钮，点击“挑素材”图标，从素材库进入“素材商城”，然后搜索以下素材。

第 3 步：帮助蓝雀练习飞行

如下图所示，因为素材蓝雀本身是拥有两个造型，因此我们可以编写脚本让蓝雀切换到下一个造型，实现拍翅飞行的视觉效果。

选中角色“蓝雀”，对其进行编程。设计蓝雀切换造型脚本。

现在点击舞台区的 ▶ 开始 按钮，运行游戏看看效果。我们可以看到蓝雀扇动翅膀，切换一次造型就不动了。训练师可以使用事件积木盒里的重复执行积木来让蓝雀多次切换造型。

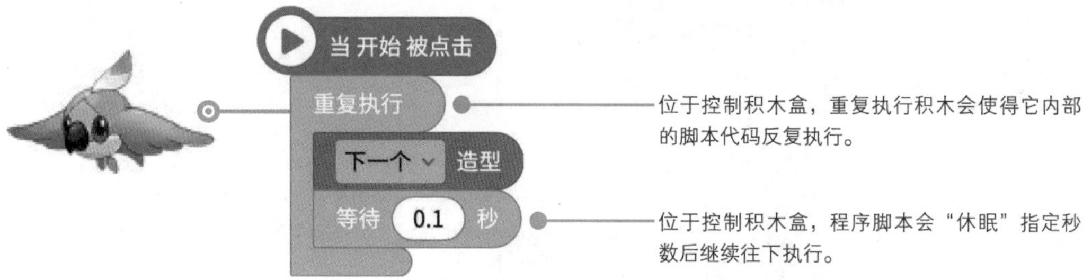

源码小百科

当我们使用重复执行积木时，如果没有设置循环次数，那么脚本会一直重复运行，在某些情况下可能会造成问题。我们可以使用同样位于控制积木盒中的“重复执行（ ）次”积木对循环次数进行限制：

重复执行 20 次

这样程序脚本在执行指定循环次数后，就会继续往下执行。

蓝雀已经学会拍翅了，但是怎么才能让它真正飞上天空呢？这涉及角色在舞台上的位置移动，如下图所示，我们从动作积木盒里拖出“将 *y* 坐标增加（10）”积木，并拼接到重复执行内部。

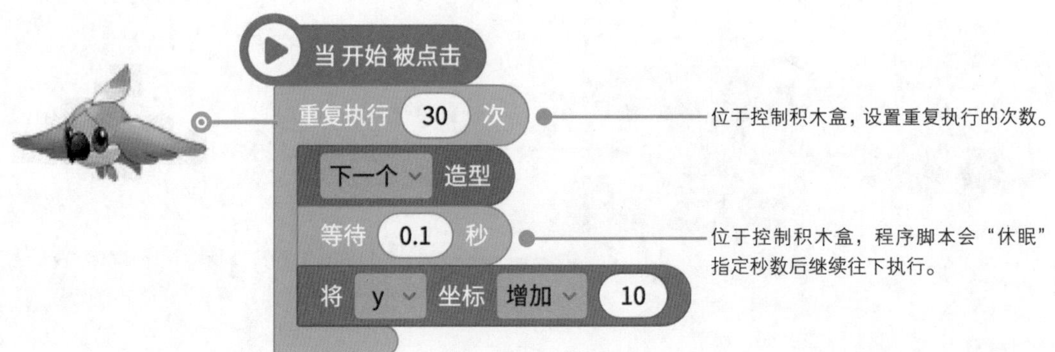

2.3 外观与动作积木

以下是外观积木盒里的部分积木及使用说明。

积木	使用说明
切换到造型 1.编程猫	使角色切换到对应命名的指定造型
下一个 造型	使角色切换到下一个造型
显示　隐藏	显示或者隐藏角色
在 1 秒内 逐渐隐藏（逐渐隐藏／逐渐显示）	在 1 秒内逐渐显示或者隐藏角色
将角色的大小设置为 100 将角色的大小 增加 10	设置修改角色大小
将角色的 宽度 设置为 100（宽度／高度） 将角色的 宽度 增加 10（宽度／高度）	设置修改角色的宽度或者高度

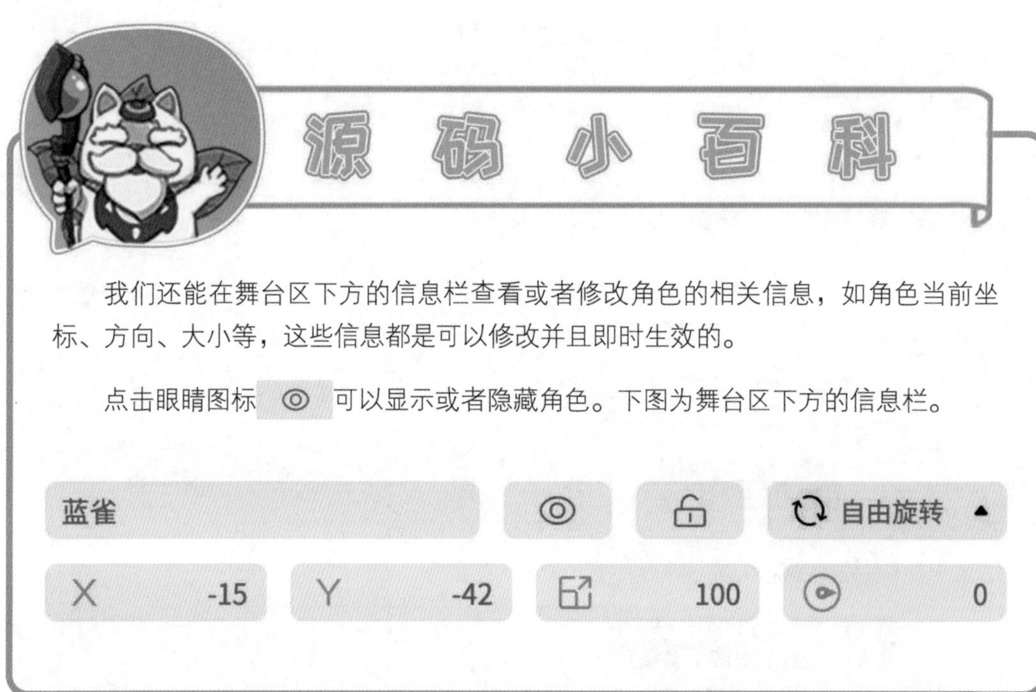

源码小百科

我们还能在舞台区下方的信息栏查看或者修改角色的相关信息，如角色当前坐标、方向、大小等，这些信息都是可以修改并且即时生效的。

点击眼睛图标 可以显示或者隐藏角色。下图为舞台区下方的信息栏。

我们可以把外观积木盒的移动类积木大致分为两种：相对移动类和绝对移动类积木。

相对移动类积木是以角色自身作为参考运动的，比如“移动（ ）步”积木。

而绝对移动类积木是以坐标系作为其参照物进行运动的。在第 1 章中，我们曾经讲到舞台区是一个坐标系。

我们可以点击舞台区左下方的网格按钮 ，显示舞台区的坐标系参考线。

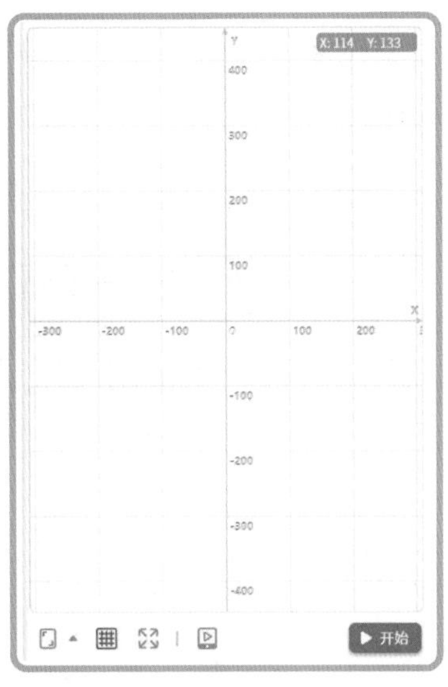

坐标系可以定量地描述物体的位置，通常由两个互相垂直的坐标轴组成，分别称为 x 轴和 y 轴。x 轴和 y 轴的相交点称为原点，通常标记为 (0,0)。如果我们把空间里所有的点都编上数字序号，那么就能用坐标系表示空间里每一个点了，如下图中的编程猫坐标是(100,100)。

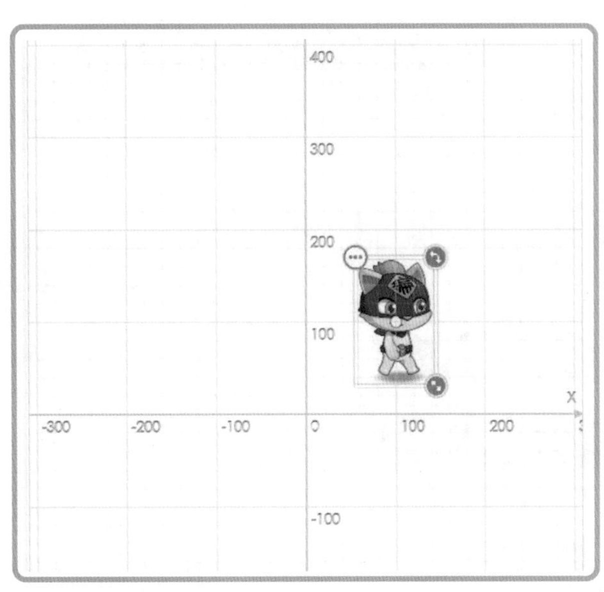

如下图所示，假设角色“蓝雀”要从当前位置坐标(0,0)移动到目标位置(200,300)，我们可以使用动作积木盒中的“移到x( )y( )”积木。x坐标控制角色在舞台相对原点(0,0)的水平移动距离，Y坐标控制角色在舞台相对原点(0,0)的垂直移动距离。

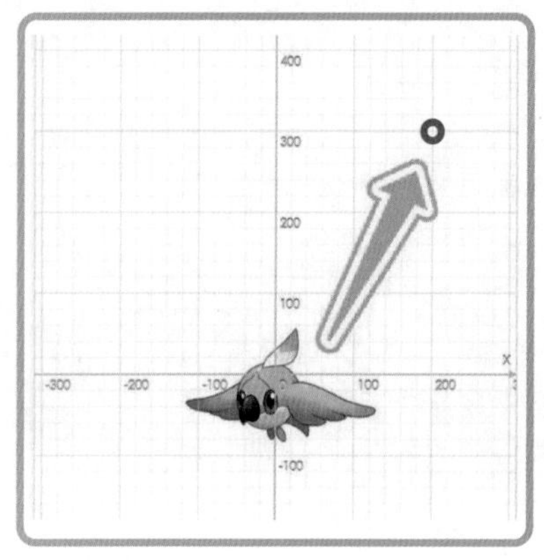

虽然“移到x( )y( )”积木可以移动角色到指定位置，但如果想要呈现角色运动的轨迹而非瞬间移动，那么我们还可以使用“在( )秒内移到x( )y( )”积木。“移到x( )y( )”积木不仅可以传入相关的坐标参数，还可以设置移动时所需的时间。

在 1 秒内，移到 x 200 y 300

以下展示了外观积木盒里的移动类积木及使用说明。

积木	使用说明
移动 10 步	角色移动指定的步数，预设为10步
移到 x 0 y 0	角色移动到指定坐标处，预设为(0,0)

积木	使用说明
移到 鼠标指针 鼠标指针 随机 角色	移动到鼠标指针处或者其他指定位置
将 x 坐标 设置为 100 x y	设定角色的 *x*、*y* 坐标，预设为 100
在 1 秒内，将 x 坐标 增加 200 x y	在指定秒内增加角色的 *x*、*y* 坐标，预设为 200

你知道吗？

事实上，我们可以在动作积木盒里的多数积木的参数框内填入参数。我们可以点击参数框修改预设值，也可以从侦测积木盒中拖出相关的圆角矩形类取值积木作为积木参数的内容。

圆角矩形类取值积木的作用是能够返回一个数字或者文本字符串的值，其本身是无法单独使用的 ，需要作为其他积木的参数一起组合使用。

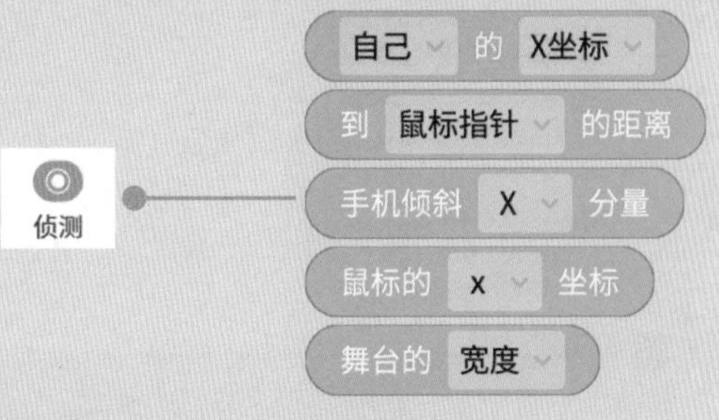

我们以“移到 x( )y( )”积木为例讲解如何为其设定参数值，“移到 x( )y( )”积木预设参数的值为 x=0，y=0。我们可以将参数 x 坐标的数值修改为 100，然后从侦测积木盒中拖出“鼠标的 y 坐标”积木，拖入参数 y 坐标的数值框内。当我们点击“开始”按钮后，如果当前鼠标指针的坐标是 (100,200)，那么当前角色会移动到 (100,200) 处。

试一试

当下列程序脚本执行完毕后，请说出编程猫角色的坐标值。

这里是“编程猫 TV”，我是前方记者绿豆！

今天我们要采访的对象就是——
在编程比赛中取得优秀战绩的训练师——李元淳！

训练师你好，先自我介绍一下吧！

大家好，我是李元淳。

爱好是画漫画、看动漫、滑雪、爬山，还有在编程猫上学习编程。

喜欢看动漫啊，和我一样呢！

哈哈，我平时也喜欢画画，参加过很多级别的比赛。区级、市级 、国际的奖状有很多。

听说元淳小学四年级的时候就组成战队参加编程比赛啦？

是的，当时我还没学多久，所以成绩不太好，后来我和我的战队就分开了，直到六年级才又聚到一起组队比赛。

优秀的训练师果然不是一天就能练就的。

哈哈，我们分开后分别有了自己的小战队，大家都变得比当年厉害了很多。

那可真是一件值得高兴的事。

更值得高兴的是，在队长的带领下，通过我们的努力，获得了全国第一的好成绩。

真是恭喜元淳啦！那么今天元淳给我们分享的编程作品是什么？

这是一个运用到外观和动作积木的编程作品。

源码小百科

源码世界战队合作

在源码世界中，训练师们通常会以三人一组的形式组成战队，参加编程竞赛。战队的成员一般分为队长、编程核心和设计师三类角色。

队长负责在比赛中统筹规划，以及完成赛后的总结报告。作为队长，需要在队伍里领导并激励队员团结协作，对于队员碰到的问题，队长应该主动给予帮助。

编程核心是队伍里的主力“输出”，是负责解决编程问题最关键的一个人。在拿到题目之后，编程核心需要有能力在最短的时间内找出最合适的答案，能成为战队中的编程核心是对学员编程能力的很大肯定。

而设计师主要负责设计类和艺术创作的工作，设计师一般较少接触编程方面的任务。设计师的艺术创作主要从设计剧情和对白、找素材、绘制素材和音乐角度出发。

训练师时刻

本期训练师李元淳分享的作品是她开发的“变色画板”：点击“开始”按钮后，在舞台处会生成一块可供玩家点击的画板区域。玩家点击的区域会产生类似于七色霓虹灯的炫目视觉效果。下图展示了“变色画板”的游戏运行界面。

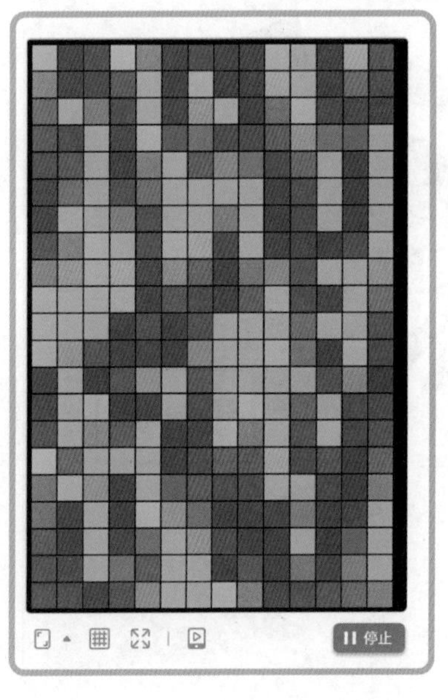

现在，让我们来学习李元淳训练师对这个作品的开发思路吧！

第 1 步：新建作品，添加相关素材

打开图形化编程平台，将默认添加的角色和脚本删除，点击角色区上方的“+”按钮，点击“挑素材”图标，从素材库进入“素材商城”，然后搜索角色素材“方块”。

第 2 步：对角色“方块”编程

与选中角色“星际战机”相似，接下来对其进行编程。

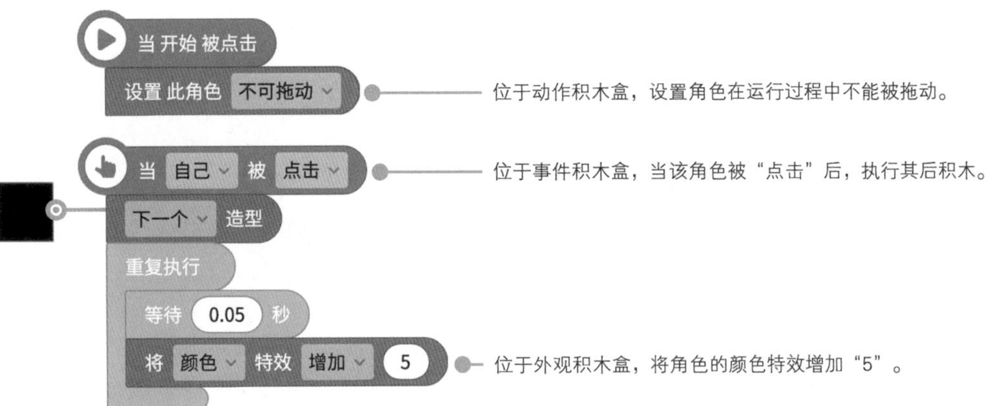

对于外观积木盒中的颜色积木，部分解释说明如下所示。

将 颜色 特效设置为 10

颜色 透明度 亮度 像素化 波纹 扭曲 黑白 符号码

将 颜色 特效 增加 5

颜色 透明度 亮度 像素化 波纹 扭曲 黑白 符号码

颜色特效：颜色特效使用 HSL 模式，以 360 为一个循环对色相进行更改。就像一个圆环一样，0 为角色本来的颜色，增加颜色值，角色颜色改变，当颜色值为 360 时，又回归到角色本身的色相，依此循环。

透明特效：取值范围为 0~100。0 为不变化，100 为完全透明，数值大于 100 时按 100 处理，数值小于 0 时按 0 处理。

亮度特效：当亮度特效为 0 时，角色变为纯黑；亮度特效增加，角色会以 RGBA 矩阵原理逐渐变亮，直到角色变为全白。

巧妙使用外观特效积木，训练师就可以轻松做出诸如闪烁、烟花、贺卡等炫酷效果。值得注意的是，“萌新”很容易搞错“设置”和“增加”两类积木，所以在编程创作时要特别注意。

点击 找到“源码图鉴”，你可以在“通用积木”中了解其他特效的用法和效果。

第 3 步：在舞台处生成画板

现在，我们需要在舞台处生成一块可供玩家“点击”的画板区域。在这里，我们使用到了变量积木盒中的变量积木（第 6 章）和控制积木盒中的分裂积木（第 7 章），在后续章节中我们会深入学习相关知识。

关于变量积木

变量是计算机编程中一块可以存储数据的内存区域。在创作交互性游戏时，如果需要对游戏中的得分、血量等数据进行管理，那么训练师可以创建并使用变量来保存数据。你可以将这块区域想象成一个盒子，程序随时都能存取盒子中的数据（数字和文本）。

下图为一个名为 side 的变量，它存放了一个数字 50，创建后只需要使用变量名，就可以读取存放在其中的数据并修改它。我们将在本书的第 6 章数据与变量中详细讲解变量的相关知识点。

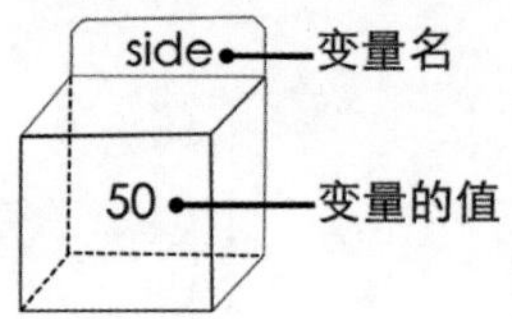

现在，我们来声明两个新变量定义角色“方块”分裂出 *X*、*Y* 坐标，如下图所示。首先点击积木库的变量积木盒，点击“+ 变量”按钮新建变量 *X*、*Y*，并且点击图标 使其变为 隐藏变量。

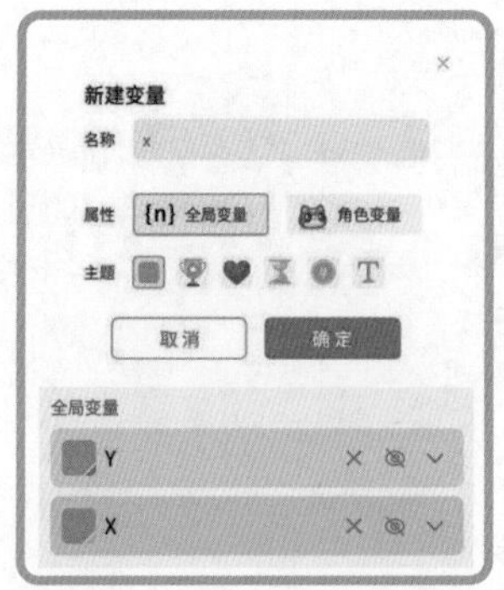

关于分裂积木

位于控制积木盒中的分裂积木，在运行时可以复制出一模一样的子角色。使用分裂制作出来的子角色除和父角色造型一致外，还会继承其积木脚本并移动到指定位置。我们将在本书的第 7 章克隆与分裂中详细讲解分裂的相关知识点。

下图舞台中的可供玩家点击的画板区域是由 21 × 14 的方块组成的，我们使用控制积木盒中的分裂积木并重复执行，在对应坐标处生成画板区域。

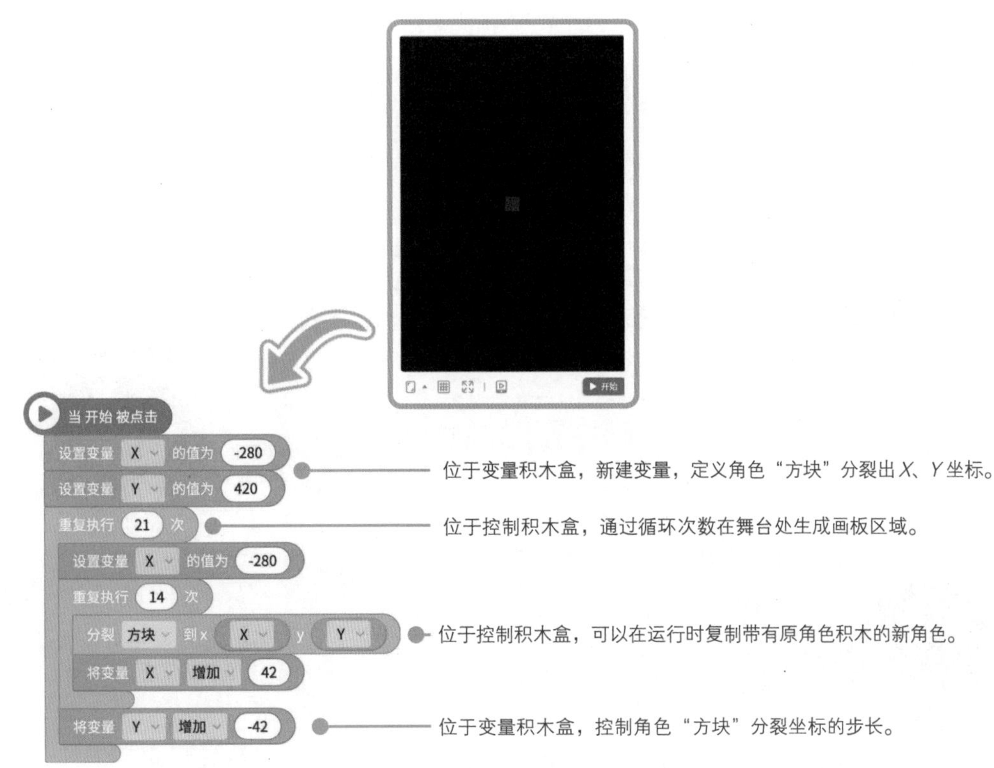

第 4 步：点击画板开始变色

已经完成上述步骤的编程脚本了吗？

现在点击 ▶ 开始 按钮运行程序，然后请发挥自己的想象力在变色画板中点击方块自由创作吧！

本章结语

• 获得称号 •

初级源码训练师

• 目前攻略进度 •

源码学校新生报到处 40%

• 经验值 •

+10

恭喜你已经阅读完本章内容。在本章中，我们简要地介绍了编程猫平台的外观和动作积木，并用源码积木的力量帮助蓝雀完成飞行练习。你都学会了吗？从本章开始，我们会开设编程猫 TV 特别节目，介绍优秀的训练师和他们的作品，大家一起来瞻仰“大神”吧！

练一练

1. 下面哪些积木可以让角色改变颜色？

A. 下一个 造型

B. 将 颜色 特效 增加 10

C. 将 颜色 特效设置为 10

D. 碰到边缘就反弹

2. 下列积木能移动到以下哪一个坐标?

移到 x 在 100 到 300 间随机整数 y 200

A. 坐标 (200,400)　　B. 坐标 (300,250)

C. 坐标 (200,200)　　D. 坐标 (400,200)

3. 使用这块积木，最有可能移动到以下哪一个坐标?

移到 x 在 100 到 300 间随机整数 y 在 200 到 300 间随机整数

A. 坐标 (250,350)　　B. 坐标 (250,200)

C. 坐标 (150,210)　　D. 坐标 (300,120)

4. 从素材商城添加角色“森林鹿王”，角色“森林鹿王”有 5 个不同的造型。试编写一段脚本，让森林鹿王在舞台处不断地切换造型，奔跑起来吧!

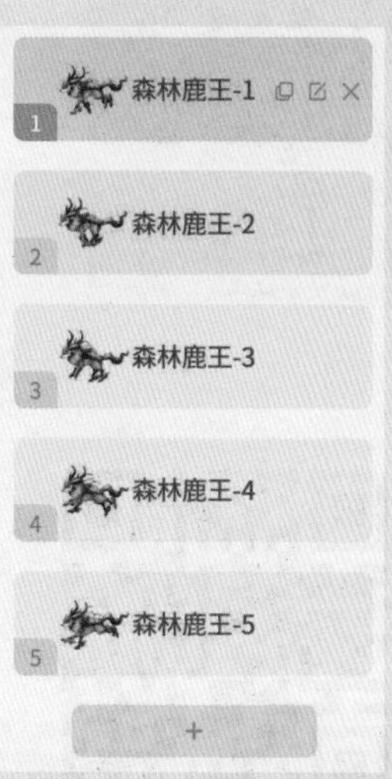

5. 如下图所示，编程猫跳跳 x 坐标与蓝雀相差 100，y 坐标相差 -400，请问编程猫跳跳现在的坐标是多少?

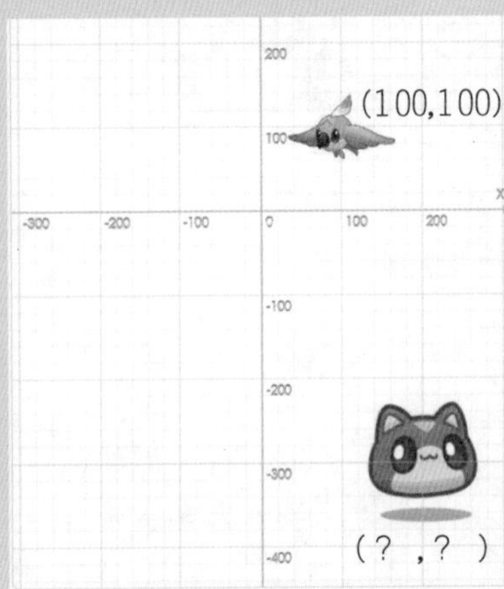

A. 坐标 (200,-300)

B. 坐标 (300,-200)

C. 坐标 (-100,-400)

D. 坐标 (-100,400)

6. 打开素材商城添加相关素材：①编程猫划船； ②星星，并完成系列脚本命令。

A. 给编程猫划船切换造型，并完成从左划到右的动作效果。

B. 打开坐标轴，让编程猫移动到星星的位置。

7. 扫描下列二维码查看游戏效果，然后编写一段脚本，让彩虹在舞台处闪烁起来吧!

第 3 章
广播与协作

在大多数编程作品中，通常角色不会只有一个，那么如何才能让众多角色的脚本协调一致地运行，构成一个完整的作品呢？这时候，广播机制就派上用场了。位于事件积木盒中的广播积木可以给所有的角色（包括背景）发送指定内容的广播，通知收到该广播内容的角色执行对应的指令。

3.1 引言

阿短，你怎么看起来闷闷不乐啊?

昨天看了魔术表演后，就一直在家练习魔术……

所以是练习得不太顺利吗?

是啊……还被编程猫说手笨……

别灰心了，我们还可以再努力一下!

比如?

比如借助源码积木的力量!

3.2 编程试练：小小魔术师

在本次编程创作中，训练师将会完成这样一个游戏：点击“开始”按钮后，舞台上的三顶魔术礼帽会交换位置，而玩家需要从中找出一顶藏有编程猫的魔术帽。下图展示了“小小魔术师”的游戏运行界面。

训练师，是不是感觉还不错呢？现在让我们借助源码积木的力量，来完成这个编程作品吧！

第 1 步：新建作品

打开图形化编程平台（扫描封底二维码获取网址），新建作品。

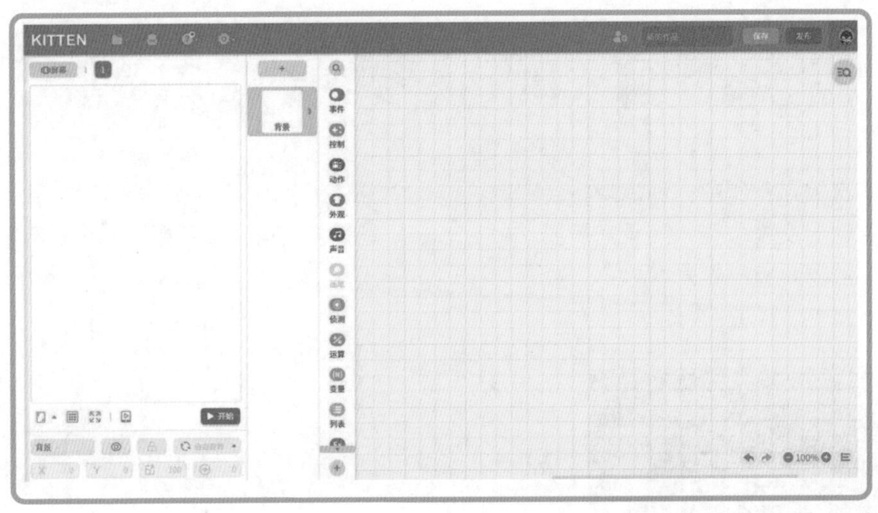

第 2 步：添加背景和角色素材

点击角色区的素材添加按钮，打开“挑素材”，从素材库进入素材商城，然后搜索以下素材（包括角色素材和背景素材），添加素材后，将角色“魔术礼帽”的造型 1 命名为“魔术帽”，造型 2 命名为“编程猫”。

第 3 步：编写游戏说明

选中背景“神奇魔术团”，对其进行编程。使用对话框积木编写游戏说明。

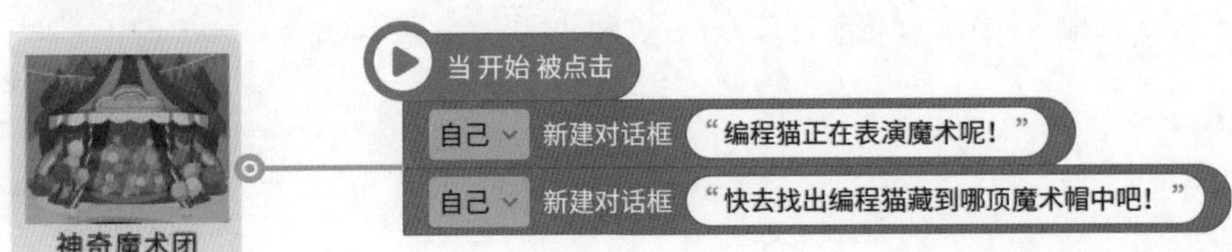

在游戏开始运行时我们使用新建对话框积木，以显示文本内容的形式向玩家进行游戏说明，让玩家理解游戏的规则及目标。

第 4 步：新建变量

现在，我们来添加游戏机制，如下图所示。首先点击积木库的变量积木盒，然后点击“+变量”按钮新建一个变量，命名为“魔法数”。点击“眼睛”图标进入“闭眼”状态，让变量隐藏起来。

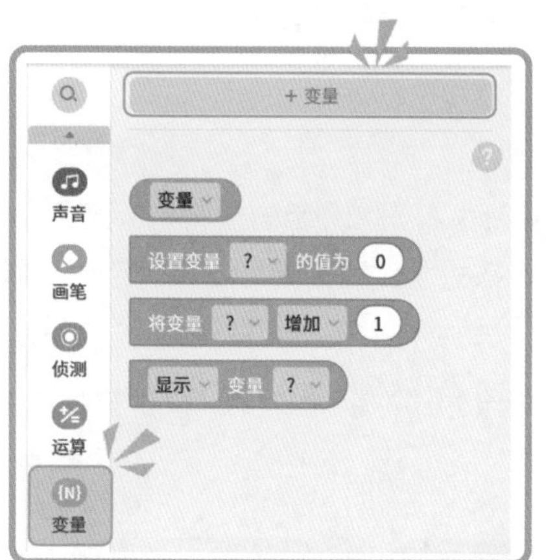

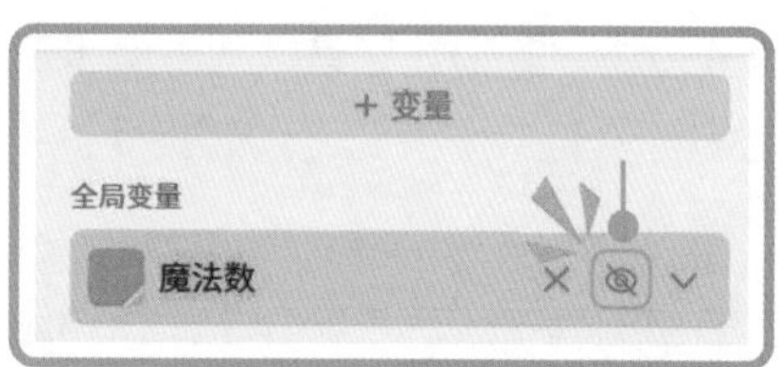

然后回到编程区，选中背景“神奇魔术团”，对其进行编程，添加游戏机制。

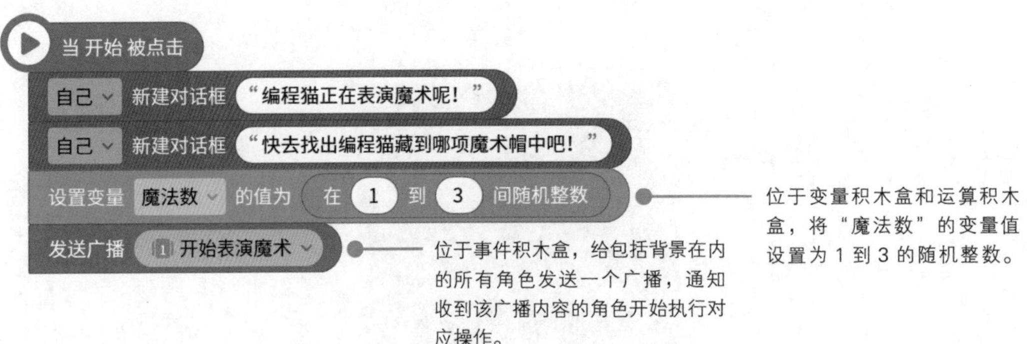

我们将借助于变量“魔法数”来判断编程猫藏在三顶魔术帽的哪一顶中，如果玩家选中的魔术帽代表的数字与最初随机数生成的结果相同，就判断玩家猜对了，游戏胜利，否则游戏失败。

以下为运算积木盒中的随机数积木：

随机数积木会在输入的数值范围内随机抽取数字，取数范围为闭区间，即脚本会在 1 到 3 之间随机选一个整数，包括 1 和 3。随机数在游戏中的使用非常普遍，可以制作障碍物随机出现、掷骰子等效果。值得注意的是，填入随机数积木的内容必须是整数。

第 5 步：发送广播和接收广播

在第 4 步中，我们让背景“神奇魔术团”发出内容为“开始表演魔术”的广播。实际上，任何角色都可以用广播机制来传递指令。有了广播机制，我们就可以为角色建立联系，实现交互的效果了。

与广播相关的积木位于事件积木盒中，如“当收到广播（ ）”、“发送广播（ ）”和“发送广播（ ）并等待”。

“发送广播( )”积木是向特定角色传递指定信息，与其对应的是“当收到广播( )”积木，当接收到广播后，角色会执行对应指令。这两块积木在编程中往往需要配合使用。需要注意的是，如果想让角色 A 向角色 B 发送广播，那么角色 B 的“当收到广播（ ）”积木必须和角色 A 的“发送广播（ ）”积木的内容完全一致，不能有任何出入。发送的广播和收到的广播内容需要完全一致，广播才能顺利传达；如果内容不一致，那么角色就不会做出反应。

“发送广播（ ）并等待”积木表示角色 A 发送广播后，需等待收到该广播的角色 B 执行完对应指令后，才能执行“发送广播（ ）并等待”积木后的指令。

接下来，我们继续编程创作，选择角色“魔术礼帽”，编写脚本。

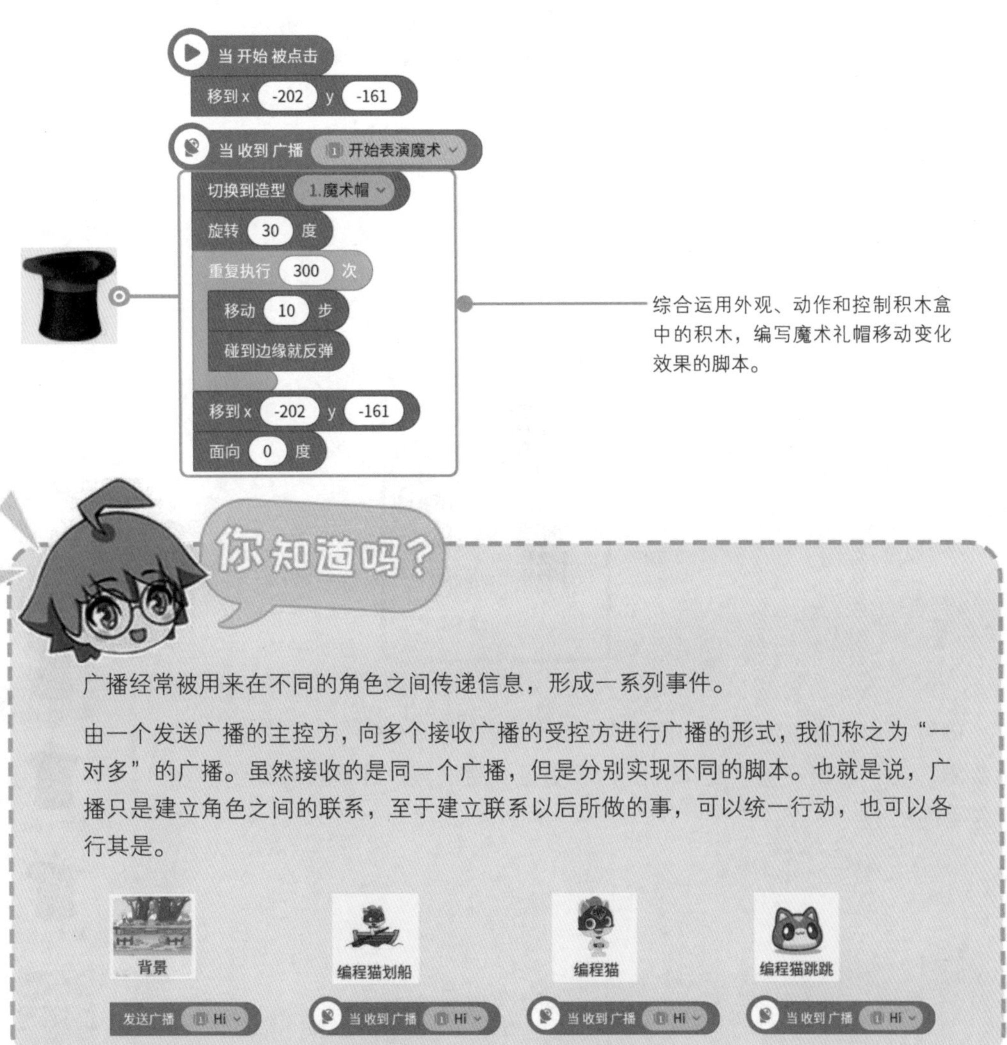

广播经常被用来在不同的角色之间传递信息，形成一系列事件。

由一个发送广播的主控方，向多个接收广播的受控方进行广播的形式，我们称之为“一对多”的广播。虽然接收的是同一个广播，但是分别实现不同的脚本。也就是说，广播只是建立角色之间的联系，至于建立联系以后所做的事，可以统一行动，也可以各行其是。

第 6 步：添加点击判断事件脚本

选择角色“魔术礼帽”，给其添加判断事件脚本。

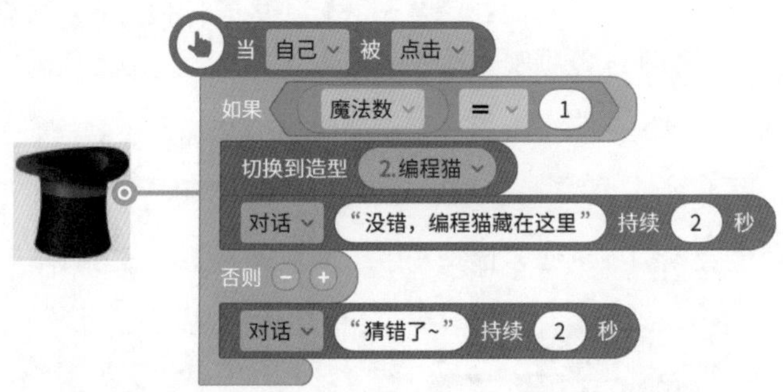

第 7 步：复制角色并根据实际情况修改对应脚本

已经完成以上脚本了吗？由于在游戏中我们需要使用三顶魔术礼帽，因此需要复制角色“魔术礼帽”。复制舞台区角色的方法是：用鼠标右键点击角色区对应角色，在快捷菜单中选择“复制”选项。

接着我们需要复制角色“魔术礼帽”两次，然后分别修改其内部的积木脚本内容：三顶“魔术礼帽”的判断变量“魔法数”和最终移动到的坐标是不同的。

对于复制后的角色“魔术礼帽 1”，需修改其积木，如下所示。

①移到 x（-2）y（-161）　　②如果变量“魔法数”等于 2

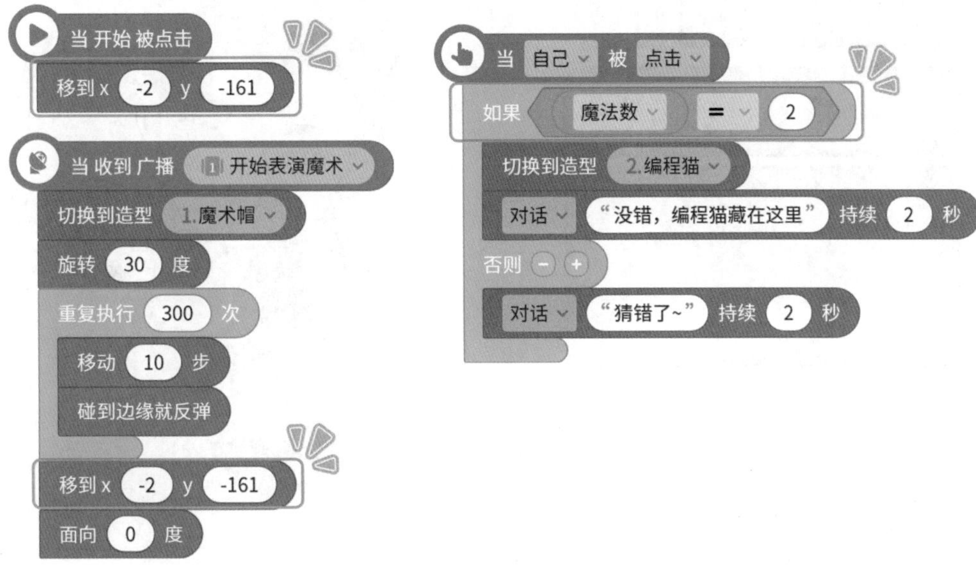

对于复制后的角色“魔术礼帽 2”，需修改其积木，如下所示。

①移到 x（194）y（-161）　　②如果变量“魔法数”等于 3

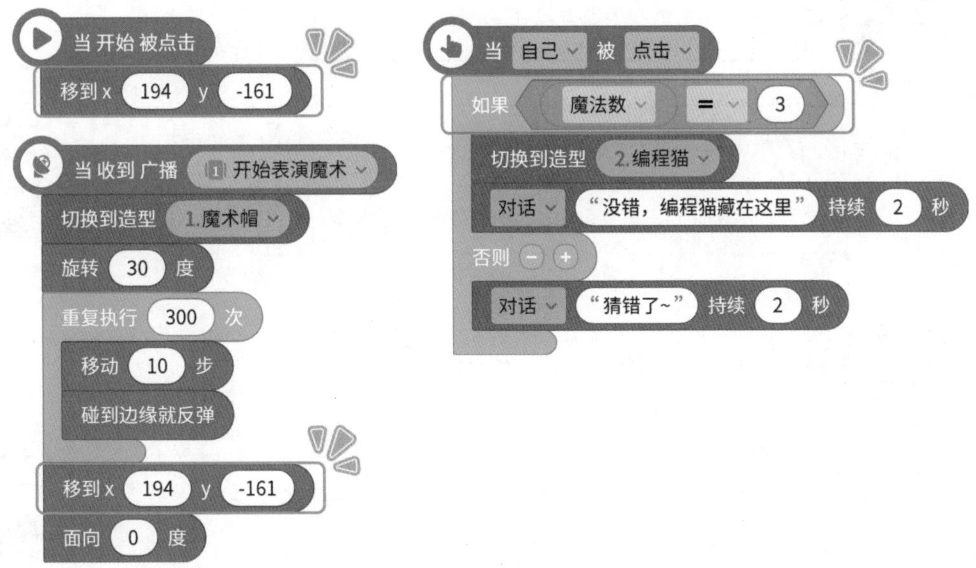

Hello，我是源码电台实习记者绿豆，又来到了本期的训练师专访环节，这次我们邀请到的训练师是编程猫社区的“大V”——“压缩文件”庞锦辉！

首先请训练师和大家自我介绍一下吧！

Hello！我是庞锦辉，12岁（2017年）。在编程猫社区的ID是“压缩文件”。我在2015年10月底第一次接触编程猫，并在2015年11月15日受编程猫公司邀请参加了第17届中国国际高新技术成果交易会。

听说锦辉本人是个不折不扣的“技术宅”呢！

我喜欢Photoshop、Premiere、Vegas、易语言等软件。

在 2016 年 1 月份由编程猫公司认证成为编程猫少儿科学院一号少院士。我在编程猫的图形化编程平台创作过将近一百个编程作品。其中，我的获得了编程猫守护地球环保公益编程比赛一等奖的作品被世界环保大会采用并进行展示。

说起来，为什么你的网名会叫“压缩文件”呢？很有“极客范儿”！

其实“压缩文件”这个名字是我一时心血来潮想到的。当时觉得压缩文件这个名字既“高大上”，又念得顺口，而且我们经常也会用到压缩文件这个东西，所以我就使用了这个名字。

你说你喜欢阅读有关人文科学的书籍，能具体说说你喜欢哪一部作品吗？

我最喜欢的书就是《三体》啦！这本书改变了我对四维空间的认识。

看来锦辉确实兴趣广泛！那么今天和大家分享的编程作品是什么呢？

我带来的是一个运用广播积木的作品——“虚拟按键”。

训练师时刻

本期训练师庞锦辉为我们分享的编程作品是“虚拟按键”。当我们点击上、下、左、右的虚拟按键时，会发送对应内容的行动广播，控制角色在舞台上自由行动。右图展示了“虚拟按键”的作品演示界面。

第 1 步：新建作品，添加相关素材

打开图形化编程平台，将默认添加的角色和脚本删除，然后从素材库进入素材商城。将以下角色素材添加到图形化编程平台的角色区。

第 2 步：添加广播点击事件

已经添加好所需的角色素材了吗?

如右图所示，点击游戏的“开始”按钮后，分散在舞台处的虚拟按键会自动移到角色对应的朝向处，然后等待点击事件触发。

选择角色“向上按键”，编写积木脚本，如下所示。

选择角色“向下按键”，编写积木脚本，如下所示。

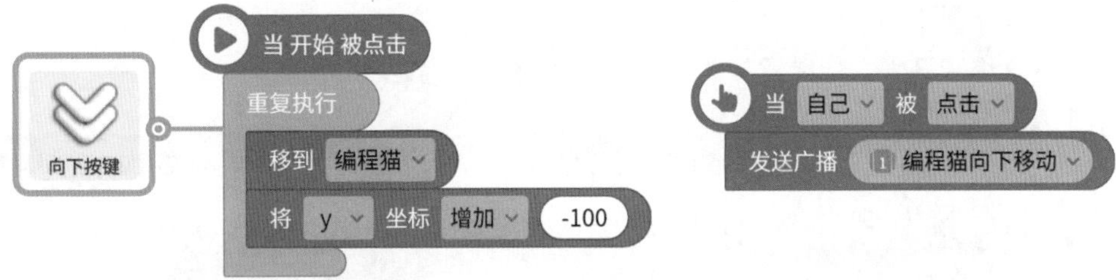

选择角色“向左按键”，编写积木脚本，如下所示。

选择角色“向右按键”，编写积木脚本，如下所示。

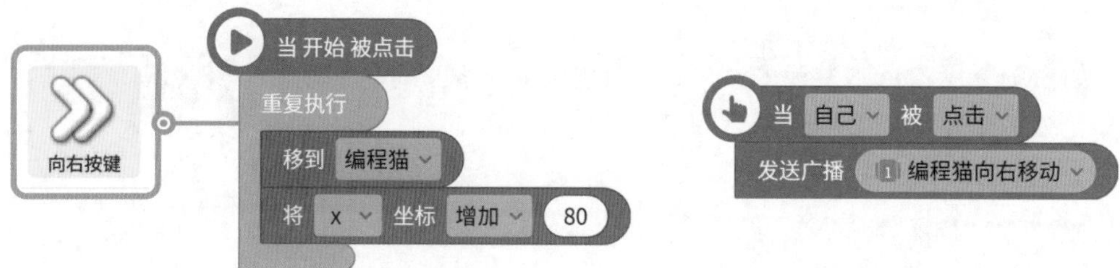

第 3 步：调整角色旋转模式

看起来，我们已经借助广播积木编写完了主体积木脚本，不过最后还要注意的是：为了能够适配角色在不同朝向的行动造型，我们还要修改其旋转模式。

选择角色“编程猫”，编写脚本，设置角色“编程猫”的旋转模式。

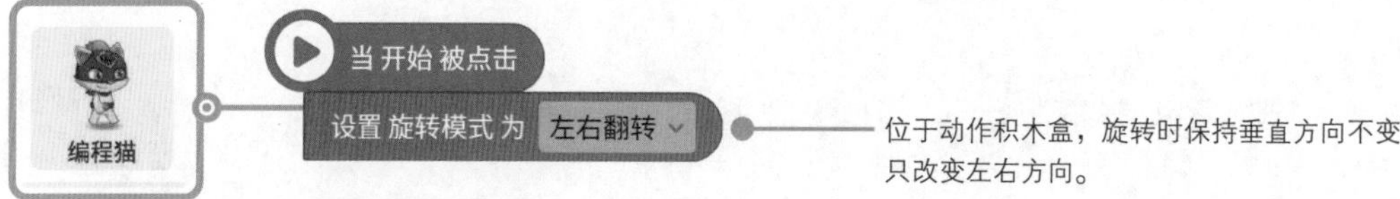

继续编写积木，让编程猫收到广播后就移动。

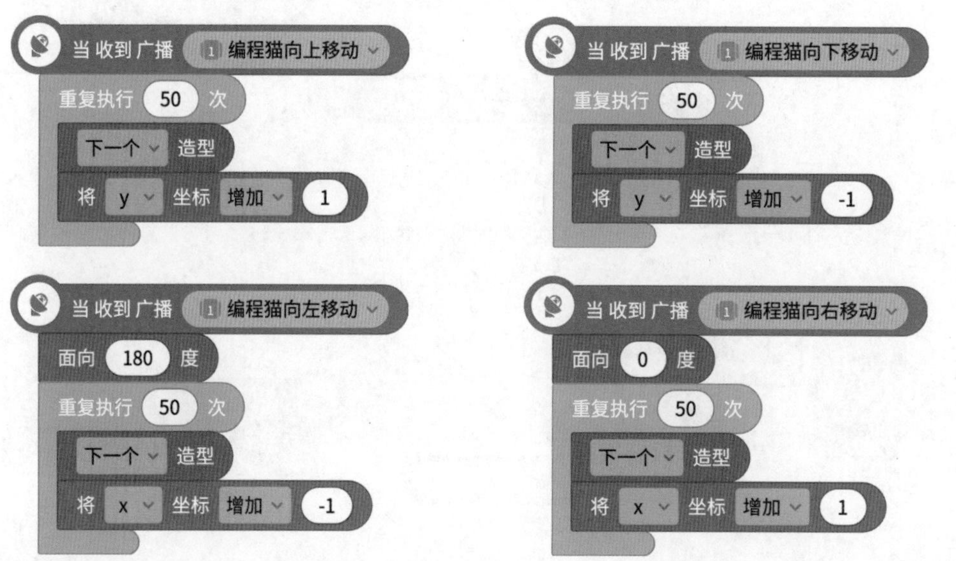

在第 3 步中，除使用积木脚本以外，我们还可以在角色的信息栏中直接修改角色的旋转模式。

角色的旋转模式分为以下三种：不旋转（禁止旋转）、自由旋转、左右翻转。

1. 设置角色模式为不旋转模式 ⊘ 禁止旋转 ▴ 相当于 设置 旋转模式 为 不旋转 。
   在不旋转模式下，角色将始终保持角色旋转角度不变。

角色方向向上造型

角色方向向下造型

角色方向向左造型

角色方向向右造型

2. 设置角色模式为自由旋转模式 自由旋转 ▴ 相当于 设置 旋转模式 为 自由旋转 。
   在自由旋转模式下，角色以角色的中心点为旋转轴旋转自身。

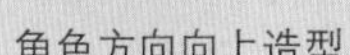
角色方向向上造型

角色方向向下造型

角色方向向左造型

角色方向向右造型

3. 设置角色模式为左右翻转 左右翻转 ▴ 相当于 设置 旋转模式 为 左右翻转 。
   在左右翻转的模式下，角色旋转时保持垂直方向不变，只改变左右方向。

角色方向向上造型

角色方向向下造型

角色方向向左造型

角色方向向右造型

本章结语

• 获得称号 •

初级源码训练师

• 目前攻略进度 •

源码学校新生报到处 80%

• 经验值 •

+15

已经学习完本章内容了吗？感觉还不错吧？在本章中，我们介绍了在角色间实现程序通信的通信机制——广播，它能让角色之间实现协作与交流。除此之外，我们还讲解了三种旋转模式下的角色造型知识。“好记性不如烂笔头”，训练师们可要认真做好笔记，多多复习呢！

练一练

1. 在编程猫发送下面广播后，下面哪一角色会乖乖听话切换造型呢？

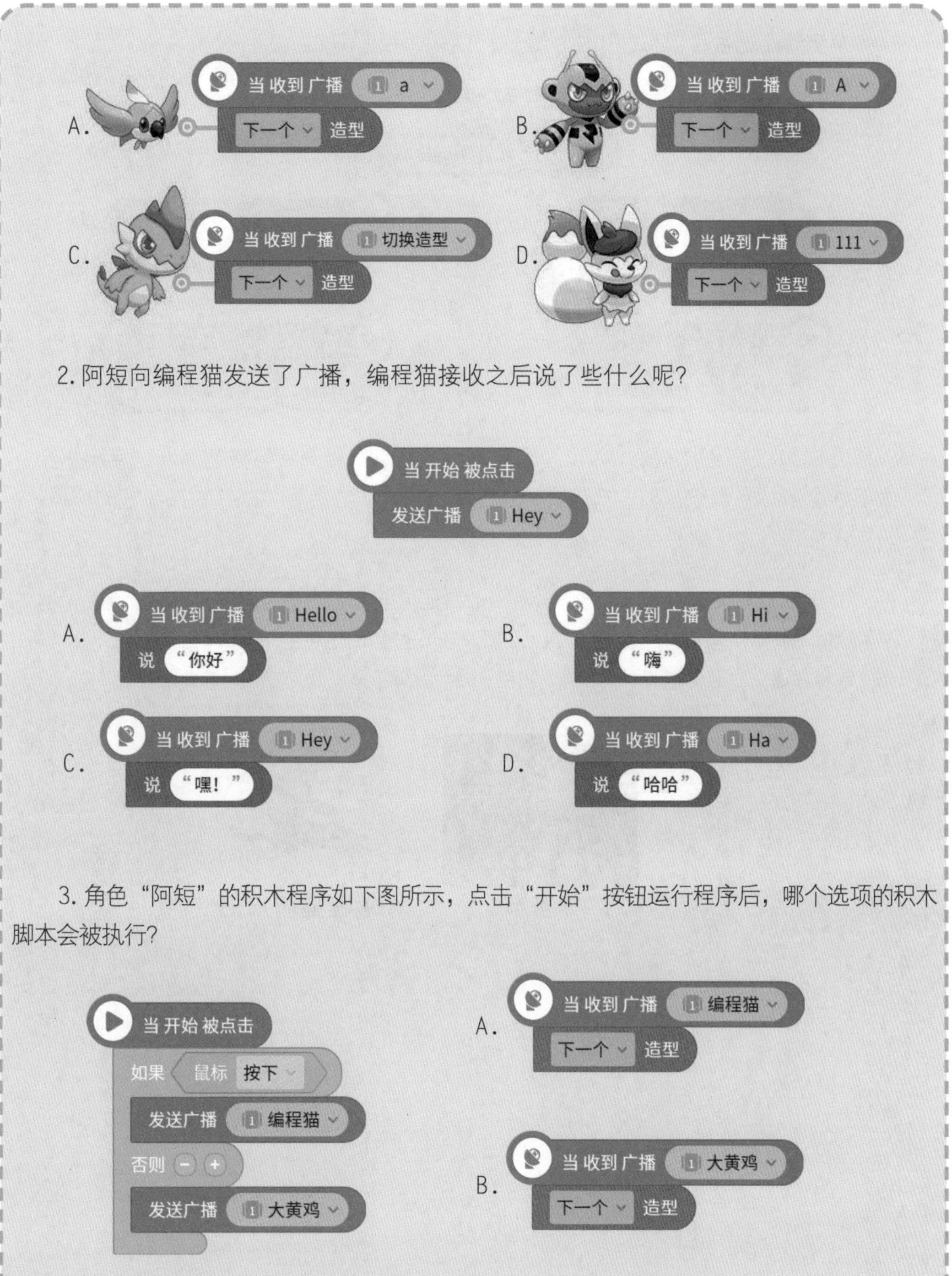

2. 阿短向编程猫发送了广播，编程猫接收之后说了些什么呢？

3. 角色"阿短"的积木程序如下图所示，点击"开始"按钮运行程序后，哪个选项的积木脚本会被执行？

4. 下列哪个选项可以和题干中的发送广播积木相匹配？

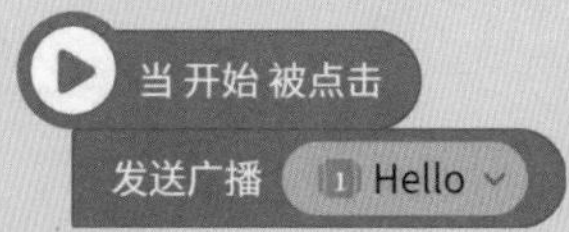

A. 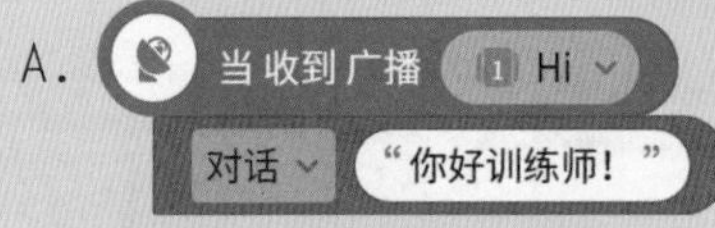

B. 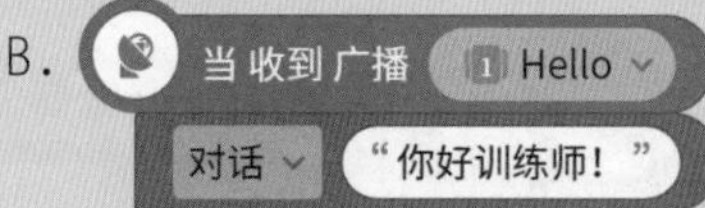

C. 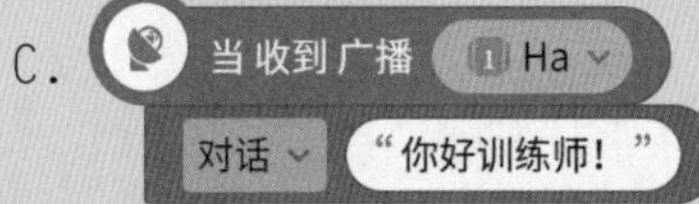

D. 

5. 试编写一段积木脚本，满足以下条件：当点击“开始”按钮后，程序脚本会重复侦测鼠标是否被按下；如果鼠标被按下，将发送内容为“鼠标被按下”的广播，否则发送内容为“鼠标未被按下”的广播。

6. 进入素材商城，搜索“万圣节”“编程猫骑扫把”，将其添加到舞台区，然后利用广播积木实现点击键盘上的上、下方向键控制角色起飞、降落效果。

第 4 章
控制与运算

在计算机中，任何复杂的程序都是由顺序执行结构、循环执行结构、条件分支结构这三种程序结构组成的。这三种程序结构既可以单独使用，也可以相互结合组成较为复杂的程序结构，我们可以根据实际需要选择使用。

4.1 引言

阿短和编程猫在玩猜数字游戏

终于完成源码学校布置的课后作业了！

做得不错，要不我们先休息一会儿吧！

说起来，阿短你玩过猜数字的游戏吗？

猜数字？那是什么游戏？

我会在心里先默想一个数字，范围在 0 到 100 之间，然后你根据我给的提示猜数字。

规则这么复杂吗？我突然头痛起来了……

阿短，你忘了？你可以使用源码积木的力量啊！

4.2 编程试练：猜数字游戏

在开始创作之前，让我们先来学习和巩固一下程序结构的知识：在计算机中，任何复杂的程序都是由顺序执行结构、循环执行结构、条件分支结构这三种程序结构组成的。这三种程序结构既可以单独使用，也可以相互结合组成较为复杂的程序结构。

顺序执行结构

最简单的程序结构是顺序执行结构。程序在运行的过程中会按照预先拼好的积木顺序，由上到下依次执行每一块积木指令，直到程序结束。

以上是一个典型的顺序执行结构脚本，当“开始”按钮被点击时，脚本会自上往下运行：角色会先移动 10 步，然后等待 1 秒，最后说“你好”。

循环执行结构

自从人类发明第一台计算机以来，任劳任怨的计算机就非常擅长执行重复性的任务。重复结构又称“循环”，最简单的循环是有限循环，它以设定的次数重复执行一系列语句。以下为循环执行结构示例。

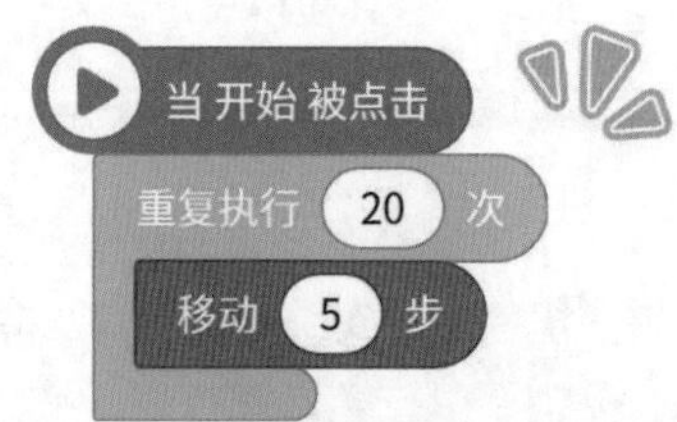

不指定循环次数，在运行时效果如何呢？角色会永远重复执行移动 5 步的操作。这也是循环的一种——无限循环，它会在脚本运行期间永远重复执行内部积木和语句。以下为无限循环执行结构示例。

条件分支结构

在很多编程情境中，我们并不会只使用单一的顺序结构，常常需要改变程序执行的流程。比如说我们想让计算机判断输入的数字是否为正数，输入的数字如果是正数，则显示“Yes”；如果不是正数，则显示“No”。我们要怎么编写脚本呢？

涉及条件判断的情况，可以使用控制积木盒中的“如果”积木。以下为条件分支结构示例。

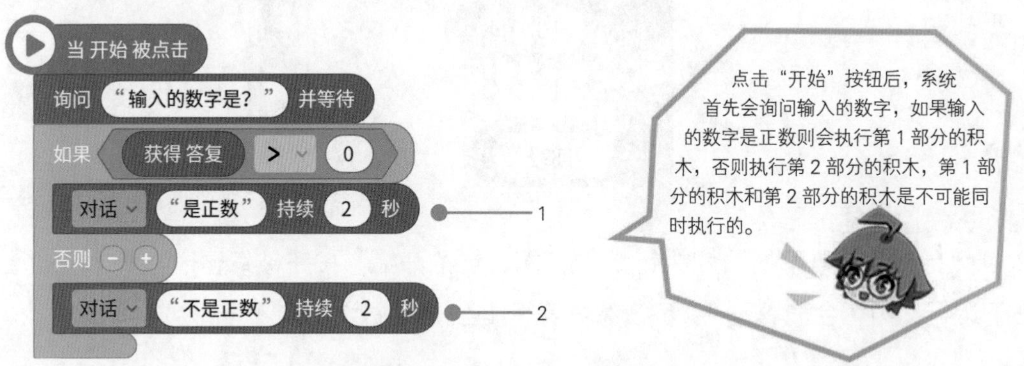

在本次编程创作中，训练师将会完成这样一个编程作品：点击“开始”按钮后，程序会从 1~100 中随机产生一个数字，如“66”，玩家需要猜测具体的数字是多少。程序会告诉玩家正确数字比当前猜的数字大或小，依此循环直到正确数字被猜中。下图展示了“猜数字”的运行界面。

事实上，在“猜数字”这个编程作品中，综合运用了顺序执行结构、循环执行结构、条件分支结构三种程序结构。如下图所示，我们可以使用流程图对其程序结构进行描述。

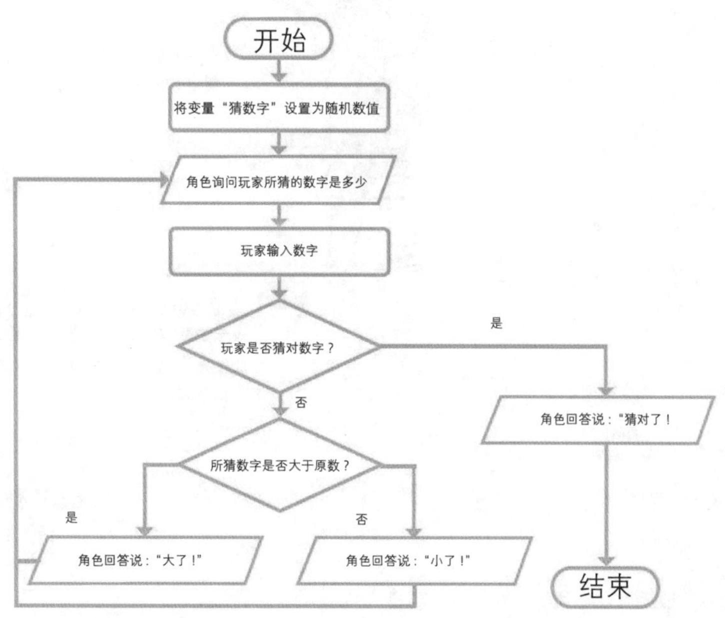

流程图是对解决问题的方法、思路或算法的一种图形化描述。绘制流程图的过程就是进行思考的过程，由于其直观性，画图这一行为本身也促进了思考。此外，还可以让其他人了解到你在设计游戏时所遵循的规则和边界条件。

阅读和绘制流程图是每个源码训练师的基本功之一。值得注意的是：考虑到和其他人交流的需要，制作流程图有相应的规范，常用的流程图符号如下。

r=a%b

处理框——矩形表示处理或者加工环节。

begin

开始框——圆角矩形表示“开始”与“结束”，通常指的是程序脚本的入口和出口。

b≠0

判断框——菱形表示逻辑条件的判断或判定环节。

Input a，b

输入/输出框——平行四边形表示程序的输入或输出

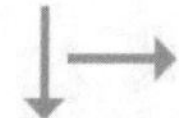

流程线——将不同框图串联起来的箭头表示的是程序的控制流（control flow），它是程序执行中所有可能的事件顺序的一个抽象表示。

但比这些符号规定更重要的是，在绘制流程图时，我们必须清楚地描述程序的运行顺序。

训练师，你已经借助流程图理解了猜数字游戏的程序设计思路了吗？现在让我们开始编程创作吧！

第 1 步：新建作品

打开图形化编程平台（扫描封底二维码获取网址），新建作品。

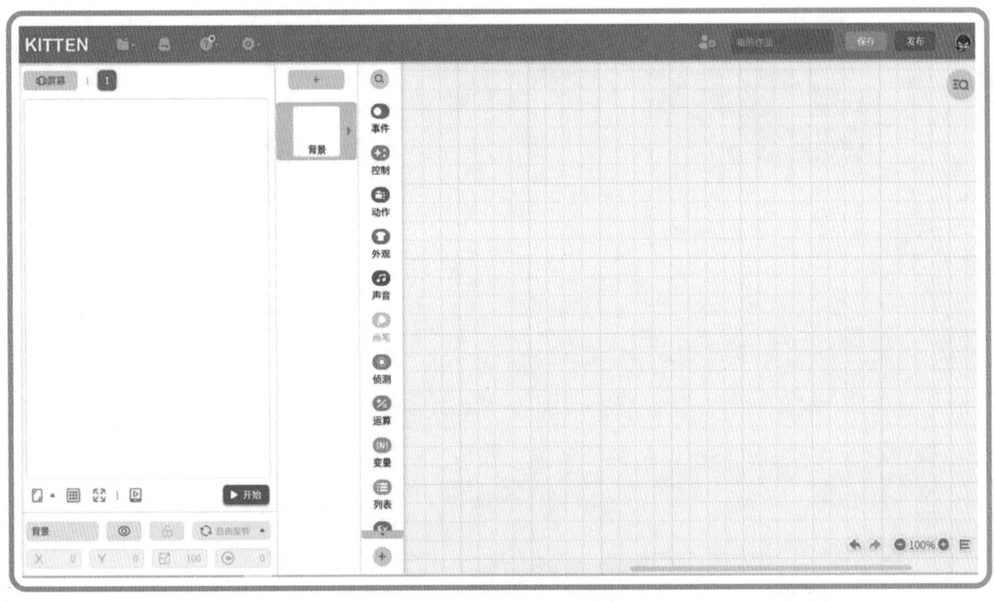

第 2 步：添加背景和角色素材

点击角色区的素材添加按钮，打开“挑素材”，从素材库进入素材商城，然后搜索如下素材。

第 3 步：添加背景和角色素材

点击积木库的变量积木盒，新建变量“要猜数字”，然后点击“眼睛”图标进入“闭眼”状态，让变量隐藏起来。

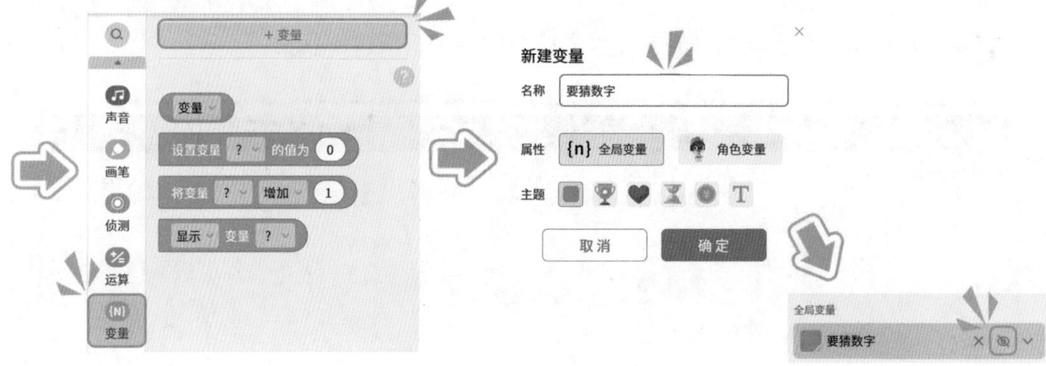

第 4 步：使用随机数积木初始化变量

选中角色“Q 版编程猫”，对其进行编程：使用随机数积木设置变量“要猜数字”为随机数，每次点击“开始”按钮，都会将变量“要猜数字”初始化为指定范围内的随机数。

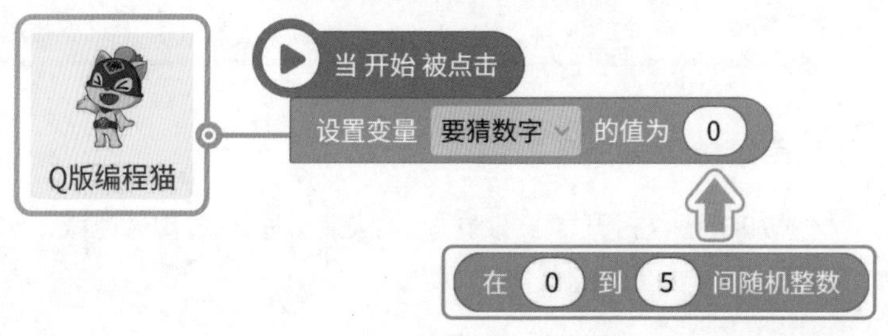

然后从外观积木盒拖出“询问（ ）并等待”积木并拼接，点击文本输入框，输入询问玩家的文本。

当我们点击“开始”按钮运行程序时，舞台区会弹出输入框提示用户输入数字，然后点击“确定”按钮。

用户输入的最新回答，会自动存储在外观积木盒的“获得 答复”积木中。

获得 答复

第 5 步：添加循环判断事件机制

当程序脚本获取到用户最新输入值后，我们就可以将其和要猜的数字进行比对。如下图所示，添加循环判断事件机制，程序会判断当前玩家猜的数字比要猜数字大或小，依此循环直到要猜数字被猜中。

```
当开始 被点击
设置变量 要猜数字 的值为 在 0 到 100 间随机整数
重复执行
    询问 “你猜的数字是？” 并等待
    如果 获得 答复 = 要猜数字
        对话 “猜对了” 持续 2 秒
        停止
    如果 获得 答复 < 要猜数字
        对话 “小了！” 持续 2 秒
    否则
        对话 “大了！” 持续 2 秒
```

在之前，我们已经学习了三种程序结构，其中对于条件分支结构还可以做进一步延展，就是采用逻辑运算符进行多条件测试，它可以连接两个或两个以上的布尔表达式。

例如，类似“今天会下雨吗”这样会得出“真”或者“假”两种结果的式子就被称为“布尔表达式”。“1 = 1”就是最简单的布尔表达式，此类表达式只会返回“真”或者“假”。

此外，有三种逻辑运算符可以连接两个或更多布尔表达式，最终返回一个布尔结果。它们就是“且”“或”“非”。

“且”运算符有两个参数，如果参数都为“真”，则返回“真”。只要有一个参数为“假”，则返回“假”。

这里的参数，我们可以理解为传入布尔表达式的判断语句。如下图所示，有两个参数：①鼠标是否被点击 ②鼠标的 y 坐标是否 $\geqslant 0$。如果参数即判断语句都为“真”，则返回“真”。

“或”运算符也有两个参数，只要有一个参数为“真”，则返回“真”。只有当两个参数都是“假”时，才返回“假”。

“非”运算符只有一个参数。当参数为“假”时，返回“真”。当参数为“真”时，返回“假”。

不成立

关于逻辑运算符，训练师可以扫描下方的二维码获取更多使用技巧。

“逻辑运算符”是由编程猫认证少院士光吉源创作的作品。光吉源兴趣爱好广泛，其编程作品被编程猫自媒体节目“编程大事件”和官方公众号收录并展示。在由编程猫举办的第二季 PK 赛中，他带领战队冲进前 5 名，并获得“全场 MVP”的称号。

Hello，欢迎收看本期“编程猫 TV”！这次我们邀请的训练师嘉宾有些特殊，先让他们自我介绍一下吧！

大家好！我是姐姐朱慕澜，10 岁了（2017 年）。我是一个既活泼又容易羞涩的女孩。

既活泼又容易羞涩？

嗯，在熟悉的环境，比如我们班里，我是大家佩服的热情奔放的“学委”和“学霸”。现在我每周去中国古动物馆做一次志愿讲解，希望能变得更会表达自我，并向更多的大朋友、小朋友播撒爱科学的种子。

慕澜，作为姐姐给弟弟树立了不错的榜样！下面我们来认识第二位嘉宾——

大家好！我是弟弟朱慕清。2017 年立夏那天，我正好满 8 岁。我和姐姐同一个学校，比她低两个年级。虽然年龄小，个头小，但从小跟着姐姐“混”，我“蹭听蹭学”了好多“大”孩子的东西，比如在编程猫平台学习编程课。

慕清和慕澜在编程猫学习两年了，听说取得了相当不错的成绩！

嗯，我们参加了暑期特训课程。那次我们组成了一个“金牌战队”，虽然没能真的拿到金牌，但是最终获得前 10 名的成绩，那时候的我们也只有 7 岁和 5 岁。

训练师时刻

本期的训练师嘉宾为我们分享的编程作品是“捕鱼大作战”。下图展示了“捕鱼大作战”的演示界面。

点击“开始”按钮后，玩家需要点击所有的小丑鱼（被点击的小丑鱼自动进入鱼篓），不要碰到其他的鱼，否则失败。将所有的小丑鱼点入鱼篓则成功。完成得越快成绩越好。

第1步：新建作品，添加相关素材

打开图形化编程平台，将默认添加的角色和脚本删除，然后从“挑素材”进入“素材商城”。搜集下图中的角色素材并将它们添加到图形化编程平台的角色区。

第2步：对背景进行编程

选中背景角色，添加“时间”“分数”变量。

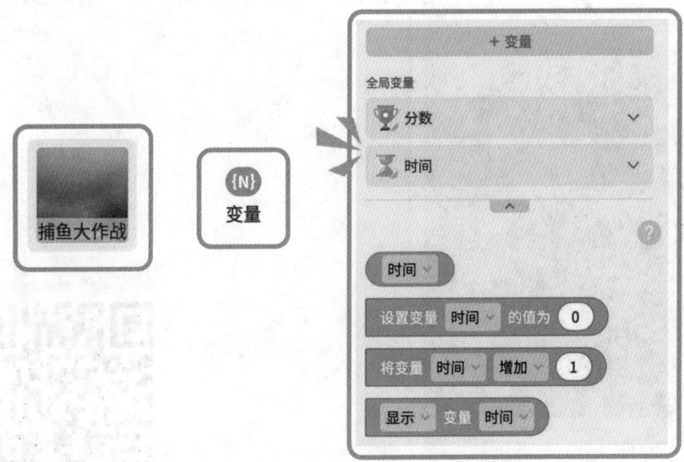

接着编写积木脚本。

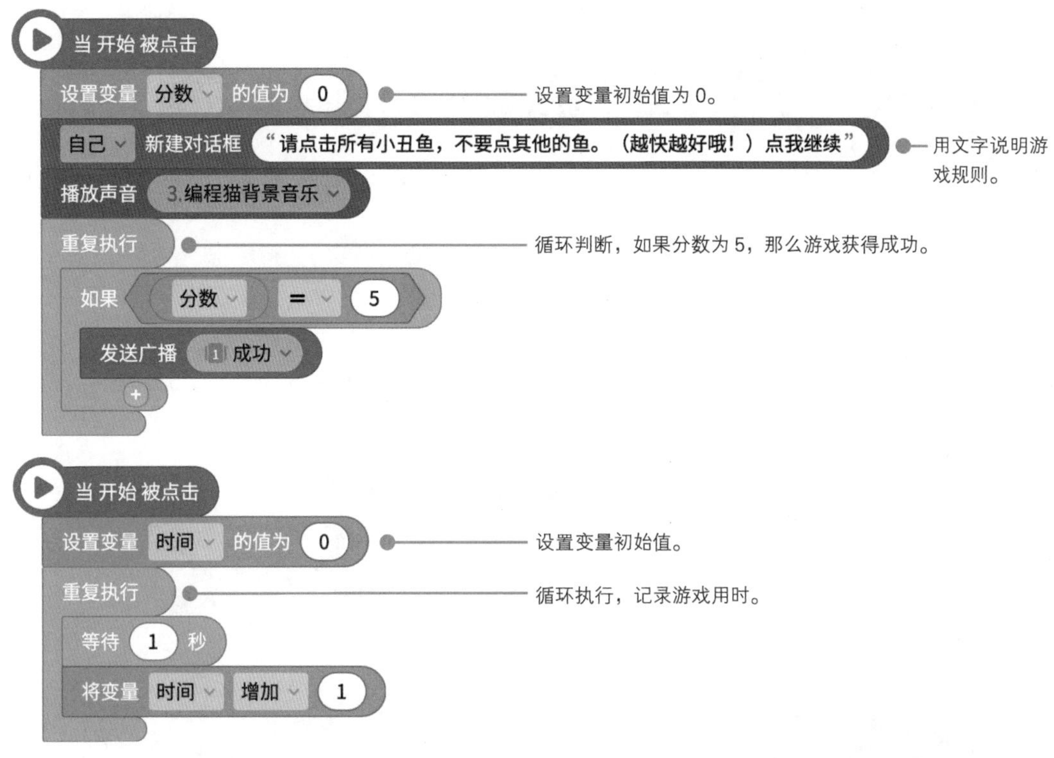

第 3 步：对小丑鱼进行编程

选择角色“小丑鱼”，编写积木脚本。

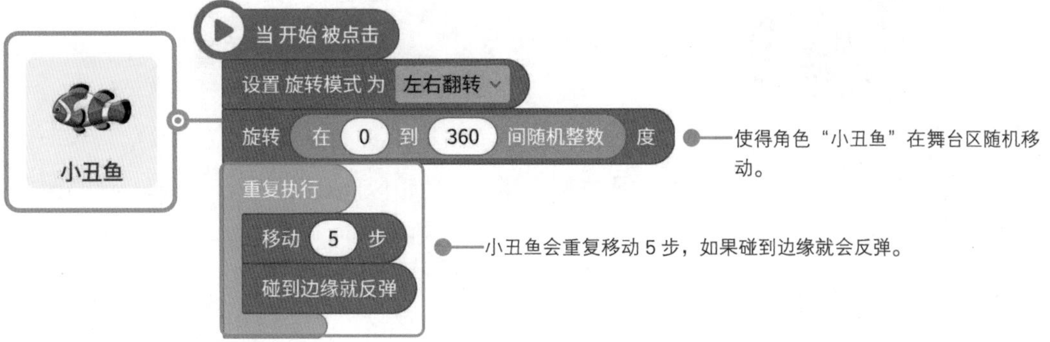

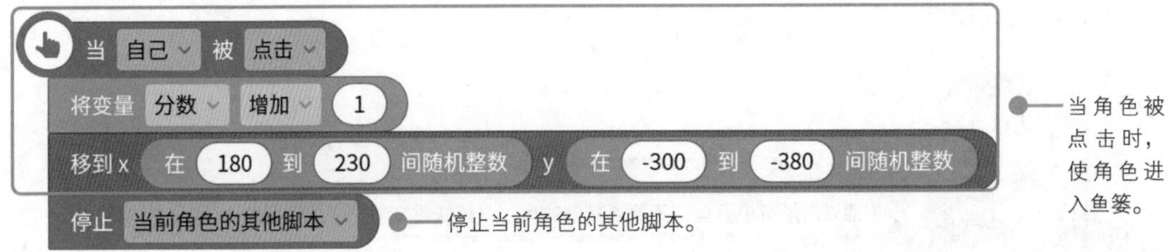

我们只需完成一个小丑鱼的角色，其他小丑鱼可以通过多次复制得到。

第 4 步：添加干扰鱼

以下为“干扰鱼”的积木脚本。

添加多个“干扰鱼”。干扰鱼的积木脚本和小丑鱼相似，但当角色被点击时，会发送广播“失败”。

第 5 步：添加成功和失败提示

选择相应角色，分别编写游戏“成功”提示脚本和游戏“失败”提示脚本。

以下为游戏“成功”提示脚本。

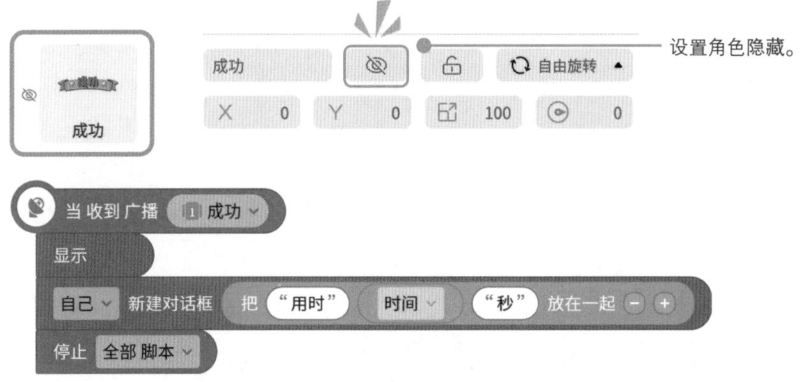

以下为游戏“失败”提示脚本。

本章结语

• 获得称号 •

中级源码训练师

• 目前攻略进度 •

源码学校图书馆 40%

• 经验值 •

+20

在本章中，我们学习了计算机程序中的三种程序结构，还了解了逻辑运算符和流程图的相关知识。训练师，你可要好好利用流程图这个强大的工具，它对我们如何描述程序的执行思路是大有帮助的。总之，请继续努力吧！

练一练

1. 请解释计算机程序基本的程序结构。

2. 请用纸笔绘制出编程作品“捕鱼大作战”的简明流程图。

3. 运行如下图所示的流程图，输出的结果是？

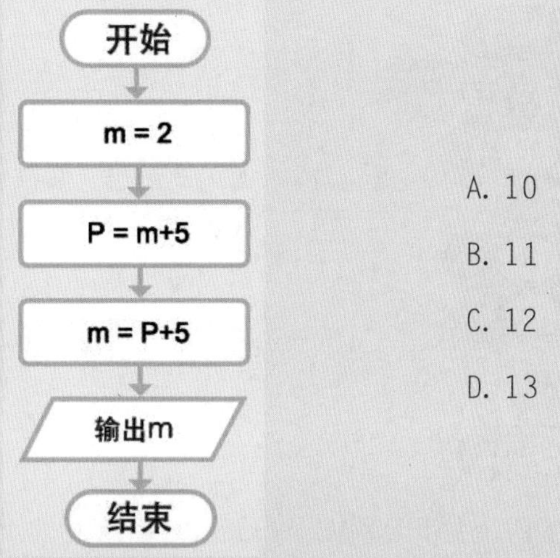

A. 10

B. 11

C. 12

D. 13

4. 角色“编程猫”有 8 个走路造型，当前造型是第 3 个，请问运行下面的积木之后，角色“编程猫”会切换成第几个造型呢？请回答相应的造型编号。

A. 4

B. 5

C. 6

D. 7

5. 角色“编程猫”在绿荫之森里奔跑，当运行下面的积木时，它的对话内容是什么？

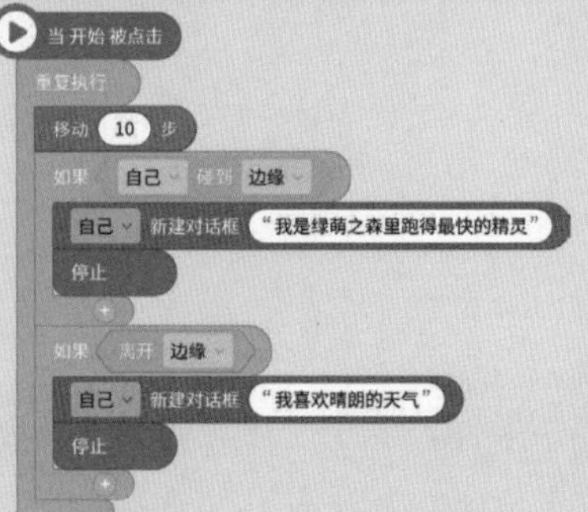

6. 如下图所示，如果鼠标被按下，则以下脚本中哪些积木将被执行？

A. 移动 10 步、显示、下一个造型

B. 旋转 30 度、抖动 1 秒、显示、下一个造型

C. 移动 10 步

D. 移动 10 步、旋转 30 度、抖动 1 秒、显示、下一个造型

7. 屏幕上的四个金币分别位于 (−250,0)、(−50,0)、(150,0)、(250,0) 的位置（如下边左图所示），积木表示角色“编程猫”一直跟随鼠标指针移动（如下边右图所示）。请问角色“编程猫”在移动的过程中，它距离四个金币距离之和的最小值是多少？

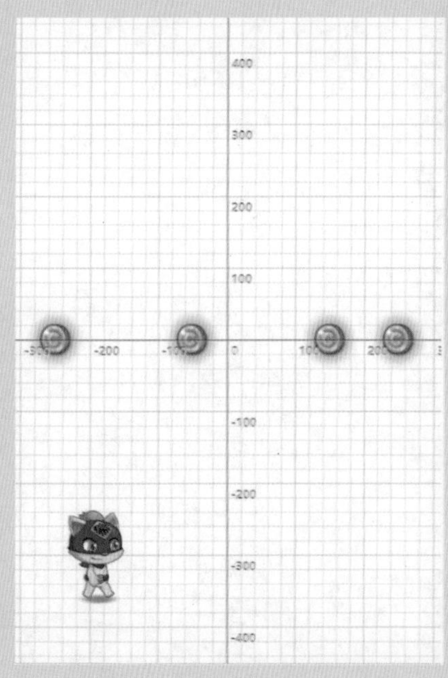

8. 编写积木脚本满足以下条件，要求使用者输入任意五个数字，然后程序输出最大值和最小值。（提示：使用条件分支结构和逻辑运算符）

第 5 章 声音与画笔

在本章中，我们将通过具体的编程项目学习如何演奏音乐和绘制图像素材。其中，声音积木盒中的积木可以播放声音格式的文件并在程序的运行过程中播放音乐。我们还可以使用画板工具绘制图像素材并导入编程作品，以及使用画笔积木盒中的积木在程序运行的过程中实时绘制几何图形。

5.1 引言

♪♩ ♫~

阿短，你戴着耳机摇头晃脑地哼什么呢？

偶像刚出的新专辑，不过……

不过什么？

我的音乐播放器好像出了点儿问题，一直有“沙沙”的怪响。

其实我们可以借助源码积木的力量进行修复，试试看吧！

源码小百科

在编程创作中，我们经常会使用背景音乐和各种声音特效帮助烘托气氛，提高游戏感染力。下面我们将学习声音积木盒中的相关积木。

播放声音（ ）

播放声音 1.背景声音

“播放声音”积木可以在积木执行时播放指定的音频文件，训练师可以从素材商城采集到已有的声音素材，也可以自己从本地上传文件。目前，编程猫的图形化编程平台主要支持 .mp3 和 .wav 两种格式的声音文件。

播放声音（ ）直到结束

播放声音 1.背景声音 直到结束

“播放声音（ ）直到结束”积木和“播放声音”积木功能相似，但不能直接把“播放声音”积木放到重复执行积木里面，这样会造成很多声音同时播放的奇怪现象，因此应该使用“播放声音（ ）直到结束”积木。

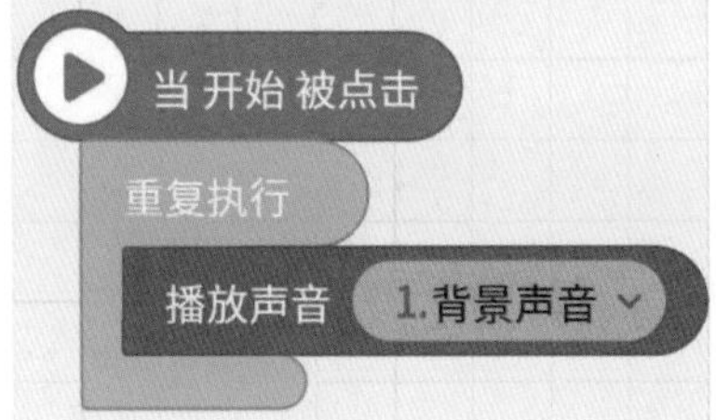

停止（ ）

停止 所有声音

“停止（所有声音）”积木可以停止游戏当前播放的所有声音。

等待（ ）拍

“等待（ ）拍”积木可以等待给定的节拍数。

关于背景音乐和音效，训练师可以扫描下方的二维码查看优秀作品。

“陀螺大对决”

是由编程猫认证少院士胡皓岩创作的作品。胡皓岩兴趣广泛，喜欢编程、旅游。在 2015 年端午节前夕邂逅编程猫，参加暑期战队 PK 赛，获得了去美国硅谷游学的奖励，随后获得“少院士”称号，第二次战队 PK 获得 “最佳队长”“明星阵容”等称号。

5.2 编程试练：神奇音乐盒

在这次的编程创作中，训练师将会完成一个名叫“神奇音乐盒”的作品。下图展示了“神奇音乐盒”的运行界面。

在这次的编程创作中，训练师将会完成这样一个编程作品：一个点击对应按钮播放、暂停，以及切换歌曲的音乐盒。

现在让我们借助源码积木的力量，来完成这个编程作品吧！

第 1 步：新建作品

打开图形化编程平台（扫描封底二维码获取网址），新建作品。

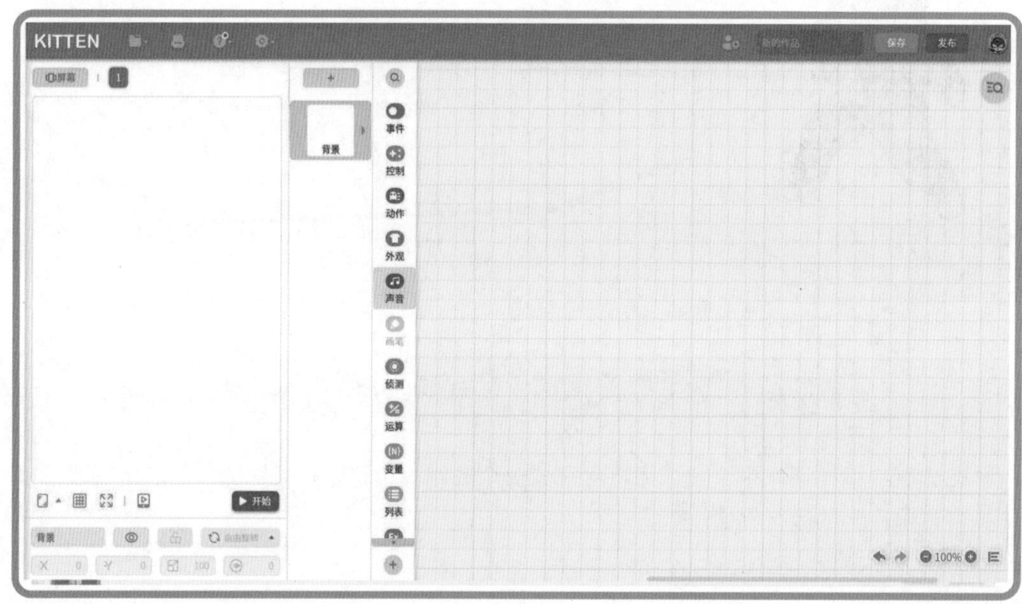

第 2 步：添加背景和角色素材

点击角色区的素材添加按钮，打开“挑素材”，从素材库进入素材商城，然后搜索并添加背景和角色素材。

第 3 步：制作音乐盒播放按钮

让我们先来制作播放按钮。角色“按钮”如下所示。

选中角色“按钮”，点击旁边的小三角即可打开角色“按钮”的造型栏。可以看到，按钮包含了“播放按钮”和“停止按钮”两个造型。当播放按钮被点击时，则开始播放音乐。这时造型要切换为停止按钮。

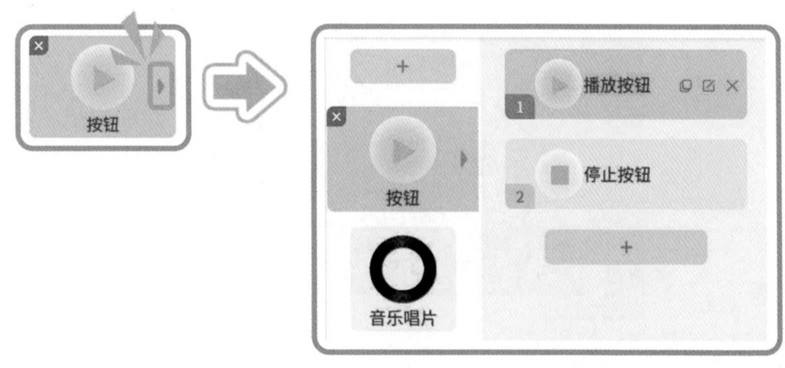

新建一个变量用于控制播放器的状态，下图为新建变量“播放状态”。

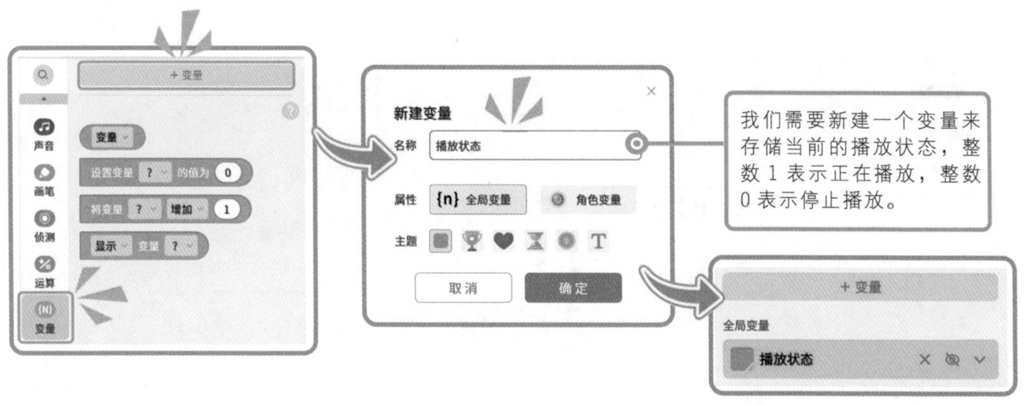

第 4 步：编写音乐盒主体功能

首先，我们利用状态变量来实现音乐盒的播放和暂停功能。当按钮被点击时，如果“播放状态”等于 0，那么就切换到“停止按钮”的造型并发送广播“播放音乐”；当再次点击按钮时，如果按钮处于播放状态，也就是说状态变量是 1，那么就会执行否则里的积木，切换到“播放按钮”的造型并发送“停止音乐”的广播。

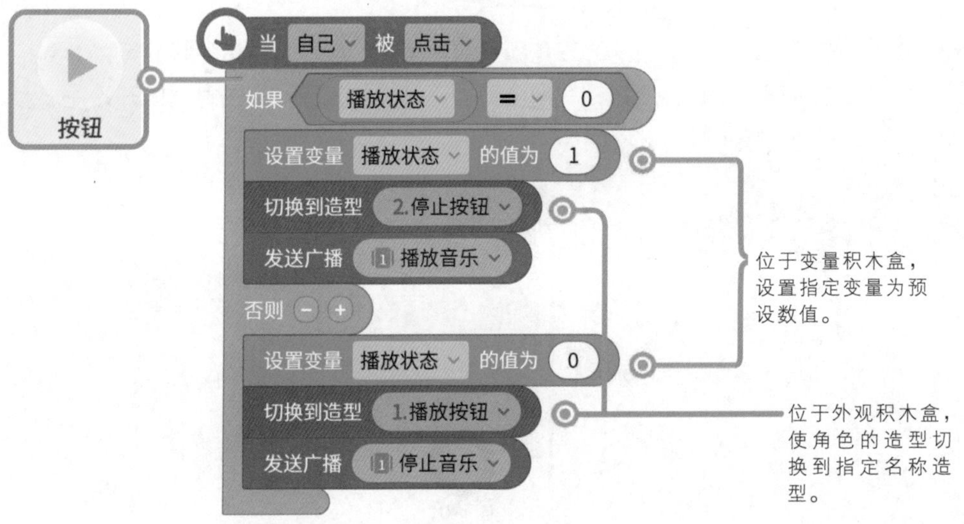

然后选择角色“音符图标”，我们使用这个角色来完成音乐盒播放声音的主要功能。先创建一个“曲目”变量，它代表播放第几首歌。

当开始被点击时，默认设置曲目为 1，代表从第一首歌开始播放。当接收到“停止音乐”的广播时，应该停止音乐，我们可以从“声音”积木盒里找到“停止所有声音”积木，然后拼接上；当接收到“播放音乐”的广播时，我们要依据曲目来判断播放什么音乐。下图为“音符”的部分编程脚本。

第 5 步：添加歌曲

现在让我们先给音乐盒添加几首音乐吧！点击声音积木盒，点击“+ 声音”按钮，然后选择“素材库”。

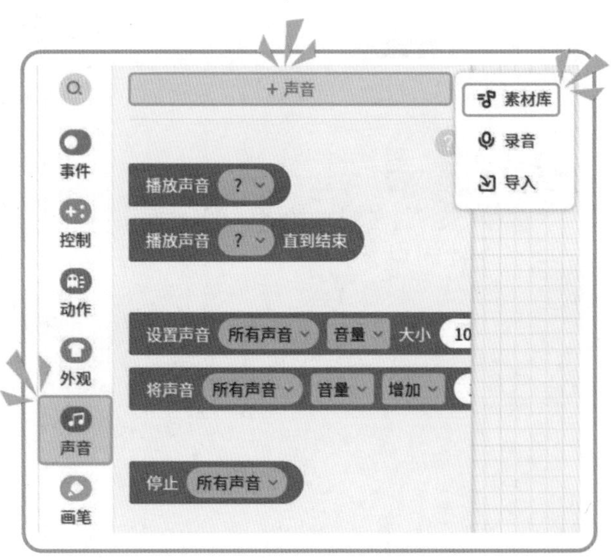

在打开的页面点击“素材商城”，然后点击“配乐”，把鼠标指针移到歌曲图标上，点击“播放”按钮就可以试听音乐，选择你喜欢的音乐后，点击歌曲图标右下角的小按钮，然后点击“采下来”按钮即可成功导入想要的音乐了。在素材商城里选择五首你喜欢的歌曲吧！

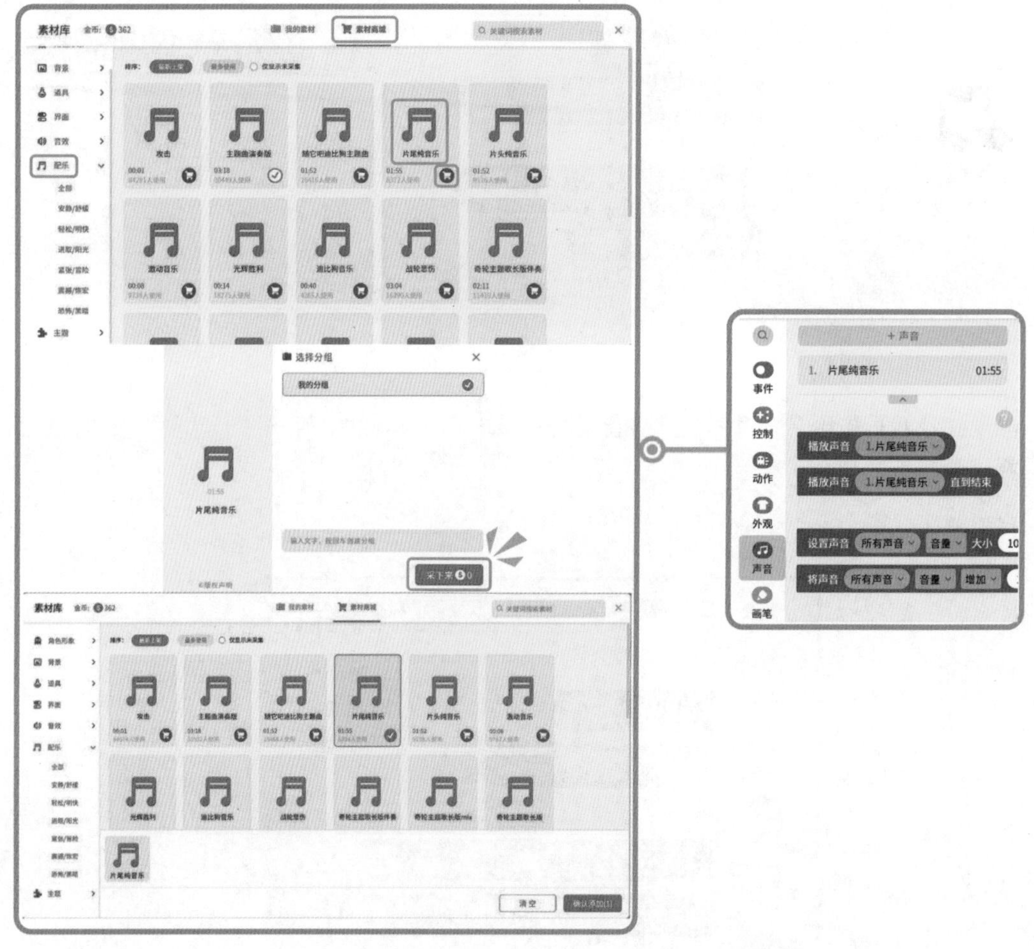

把采集好的五首歌添加进游戏里。这样我们就导入好相关的音乐素材了。

现在选择角色“音符图标”，从声音积木盒里拖出“播放声音（ ）”积木。复制出五个这样的积木，然后分别修改声音名称为刚刚添加的五首歌名。从控制积木盒里拖出“如果”积木，复制并粘贴，如下图所示，拼好积木。

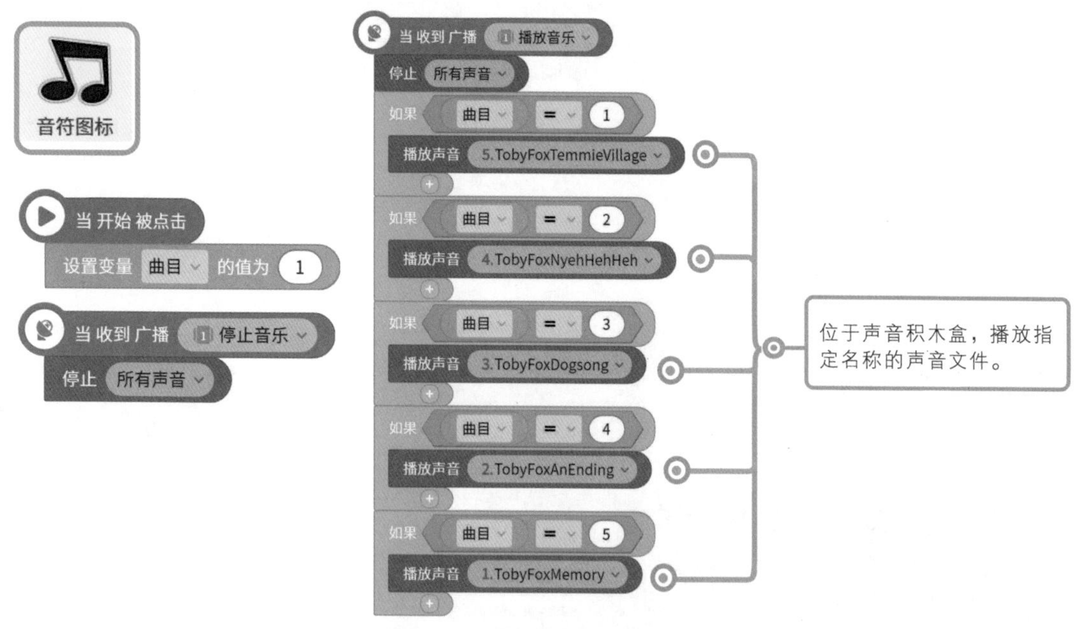

第 6 步：实现切换歌曲功能

选中角色“上一曲”，编写积木脚本。

选中角色“下一曲”，编写积木脚本。

第 7 步：实现音乐唱片旋转功能

选中角色“音乐唱片”，编写积木脚本。

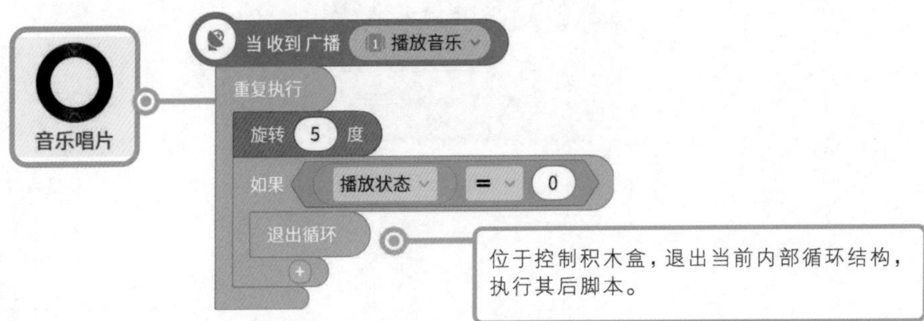

我们不仅可以使用声音积木盒里的积木，还可以用音乐画板“画”出音乐。音乐画板将像素绘画和音乐相结合,只要挥动画笔便能制作出奇妙的音乐,轻松设计旋律和节拍,探索有趣的声音!

点击积木库区域最下面的“+”号按钮，进入积木实验室后，找到 MIDI 音乐积木盒，选中后点击“确认添加”按钮即可成功添加 MIDI 音乐功能。

点击 MIDI 音乐积木盒后，点击“+MIDI 音乐”的“创作 MIDI 音乐”按钮就会进入音乐画板界面，在这里你可以在空白的音乐画布中像是画画一样“画”出音乐。而且你还可以通过音乐画板下方的“音色”和“伴奏”选项选择不同的音色和伴奏，可以使音乐效果更加丰富。另外，你可以在网上搜集喜爱的乐曲和弦谱，然后以此作为原型模仿或改编。

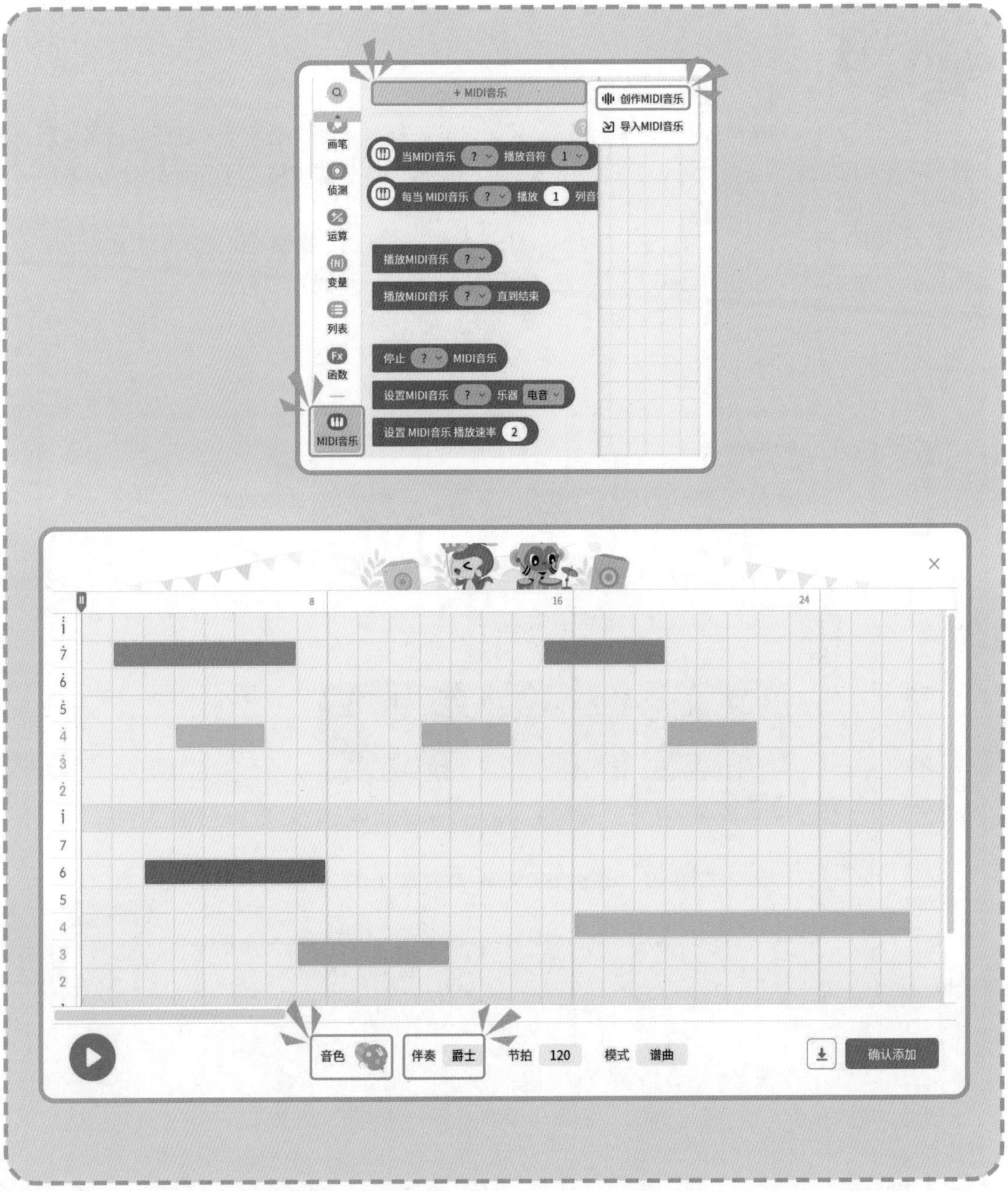
+ MIDI音乐
创作MIDI音乐
导入MIDI音乐
画笔
侦测
运算
变量
列表
函数
MIDI音乐
当MIDI音乐 ? 播放音符 1
每当 MIDI音乐 ? 播放 1 列音
播放MIDI音乐 ?
播放MIDI音乐 ? 直到结束
停止 ? MIDI音乐
设置MIDI音乐 ? 乐器 电音
设置 MIDI音乐 播放速率 2
8
16
24
音色
伴奏 爵士
节拍 120
模式 谱曲
确认添加

Hello，又来到本期编程猫 TV 环节了，这次我们邀请了两位训练师嘉宾。首先让他们自我介绍一下吧。

我叫余俐黎，来自广东省深圳市。我擅长拉小提琴、画画、编程。

大家好，我是叶知易，我是一位理工男，有很好的逻辑头脑，能够很快推理事件、明辨是非。在各门功课中，我尤其喜欢数学和物理。

在2016年1月，编程猫创办了少年编程科学院，旨在从编程学员中选录一位编程学员成为“少院士”。而俐黎和知易两位训练师先后入选了编程猫的少院士计划，我想知道是什么动力让你们坚持学习编程呢？

我的创作灵感都来自生活想象和游戏，把编程编进生活是我创作的最大乐趣，目前我已经在编程猫开发了两百个以上的程序啦！

俐黎真的很棒，知易你有什么心得和大家分享吗？

我10岁时开始加入编程猫学编程，就像收到了魔法学校的通知书，我相信，在未来，我们可以用编程的“魔法”做越来越多的事。我开发的一系列应用程序如字母排序程序、计分器、抢课应用等，都是从解决日常生活中的一系列问题入手的，非常实用。

在俐黎和知易这些少院士身上，我们看到了这样的可能性：在未来，编程会成为人们实现内心奇妙想法的工具，以及成为解决实际问题的重要工具。

训练师时刻

我们来看看本期两位少院士训练师分享的编程作品，首先来看一下余俐黎（编程猫ID：飞翔的余）分享的编程作品“画板教程”。下图展示了“画板教程”的运行界面。

这个交互性的教学作品包含了画板工具基础入门教程和相关使用心得。

实际上，图形化编程平台提供了画板工具，我们可以借助其绘制角色造型及背景等图形。当我们打开图形化编程平台后，点击角色区的“+”号按钮添加新角色，再点击“自己画”图标打开画板工具界面；或者进入角色的造型栏中点击“+”号按钮，在弹出的菜单中选择画板选项也可以打开画板工具界面。

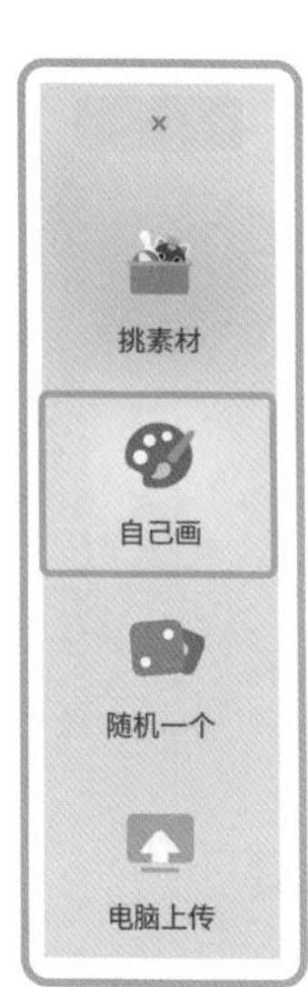

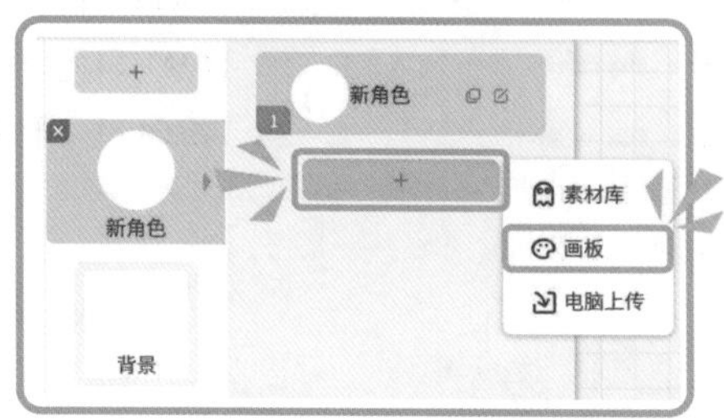

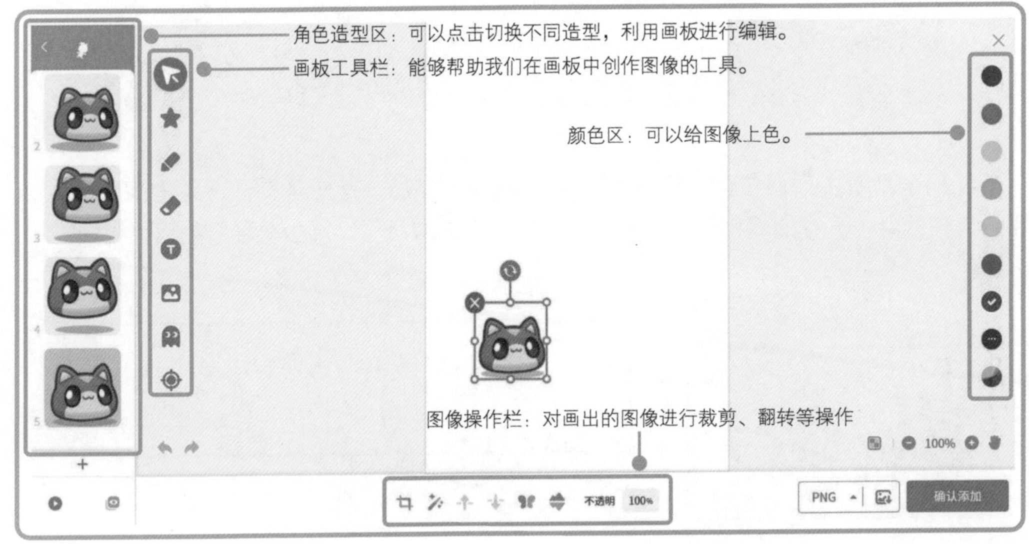

以上部分，我们可以统称为画板的工作区，工作区的功能描述如下。

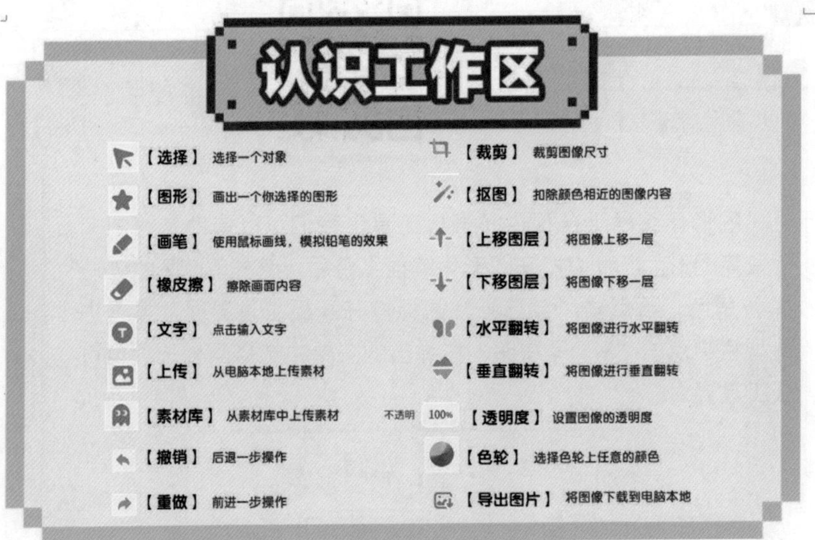

接下来，我们来看一下叶知易分享的编程游戏作品“Bug On The Plate”。在这个游戏中，玩家需要用键盘进行操作。在体力允许的情况下，操作角色到达目标处获得体力。下图展示了“Bug On The Plate”的运行界面。

在“Bug On The Plate”中，角色移动时会使用画笔积木绘制自己行走的白色轨迹。在行动时，体力耗尽或者角色碰到白色轨迹，游戏都会失败。除此之外，玩家还可以借助拾取道具获取尽可能高的游戏分数。

在“画板教程” 和“Bug On The Plate”中，都使用到了画笔积木盒 画笔 中的积木，下面我们来学习一下相关积木的使用方法。

落笔和抬笔

“落笔”和“抬笔”积木是画笔积木盒中的基本积木，借助落笔积木可以让角色画笔在舞台处移动时绘制出相关轨迹。反之，如果角色画笔处于抬笔状态，角色在移动时将无法绘制出任何轨迹，就跟在现实中的抬起画笔一样，停止作画。

落笔　　抬笔

清除画笔

使用“清除画笔”积木，可以在运行时瞬间清空舞台上所有已有作画痕迹。

清除画笔

设置和增加画笔粗细

“设置画笔粗细（ ）”积木可以设置角色画笔的初始粗细属性，这个值是可以调整的，用来设置你的画笔粗细。

设置 画笔 粗细 5

“将画笔粗细增加（ ）”积木可以在积木脚本运行时修改角色画笔的粗细属性，这个值也同样是可以调整的，可以增加或减少画笔的字迹大小，即画笔粗细。

将 画笔 粗细 增加 5

设置画笔颜色

“设置画笔颜色（ ）”积木可以设置角色画笔的初始颜色属性，这个颜色是可以调整的。点击色块不仅可以从颜色列表中选择颜色，还可以使用取色工具进行取色。

增加画笔颜色值

使用“将画笔颜色值增加（ ）”积木，通过改变数值来改变画笔的颜色，其原理是根据 HSL 颜色模式对颜色进行色度划分。

HSL 指的是色调(H)、饱和度(S)、亮度(L)，其中颜色模式就是指色盘中不同度数的颜色值。颜色值的设定也是以 360° 为一个循环的，颜色值增加 360° 便会回到本来的颜色。

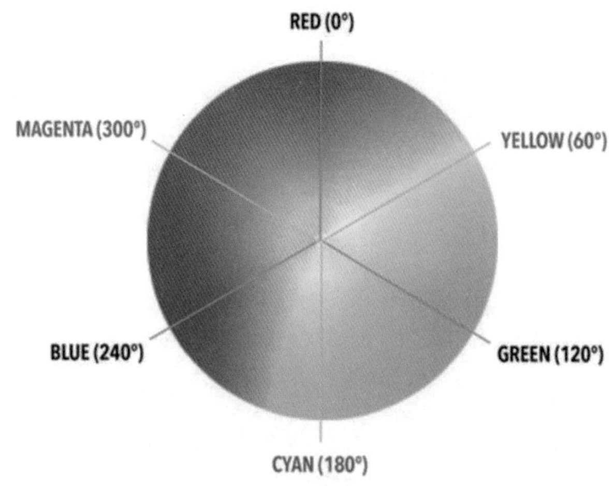

增加画笔亮度

“将画笔亮度增加（ ）”积木可以增加画笔落笔时的轨迹亮度，亮度是指颜色偏向于白色调还是黑色调。正值颜色越来越浅，负值颜色越来越深。减少亮度会增加黑色调：当亮度为 0 时颜色变为黑色。增加亮度会增加白色调：当亮度值为 100 时颜色变为白色。

将画笔 亮度 增加 10

本章结语

• 获得成就称号 •

中级源码训练师

• 目前攻略进度 •

源码学校图书馆 65%

• 经验值 •

+20

在本章中，我们学习了声音和画笔积木盒中的相关积木。声音积木盒中的积木可以给编程作品添加各类音乐和音效。而如果想要制作动画或者让角色在游戏运行时绘制出自己的移动轨迹，那么我们可以使用画笔积木盒中的积木。

练一练

1. 执行下面的脚本以后，作品会播放什么音乐呢？

A. 圣诞 - 班得瑞

B. 飞机大战 - 背景音乐

C. 两首都会播放

D. 两首都不会播放

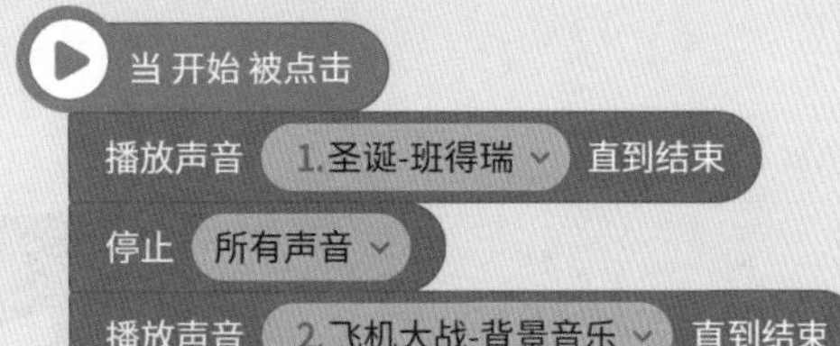

2. 如果要让角色在舞台移动中绘制出对应的轨迹，那么我们必须要用到以下哪个积木呢？

A. 清除画笔

B. 设置 画笔 颜色

C. 落笔

D. 抬笔

3. 当角色“编程猫”执行以下积木时，程序会在舞台区绘制出什么图形呢？

4. 使用源码积木编写程序脚本绘制以下图形。

5. 用源码积木编写程序脚本绘制以下图形。

6. 用源码积木编写程序脚本绘制以下图形。

第 6 章 数据与变量

在本章中，我们将学习变量积木盒中与变量相关的积木。“变量”是被命名的计算机内存区域，里面通常会存储一些数据。游戏中常常用到的“分数”就是一种变量。给这些数据命名，能让我们更容易找到它们。

你可以把变量想象成一个盒子，程序随时都能存取盒子内的数据（数字或文本）。盒子里的东西可能会变化……但是盒子的名字不会变化。当你创建了一个变量，程序会开辟一块内存区域来存储它，同时赋予这个内存区域一个变量名。就像是给盒子贴上标签一样。在这之后，当你使用变量名时，就可以获取并修改它的值。相当于可以换取盒子里存放的东西。

6.1 引言

阿短，阿短！

怎么了，编程猫，你看起来好像很着急。

刚才猫老祖向我求助，淘气的源码精灵飞电鼠把他的实验室弄得一团糟。

我们一起来想想办法吧！

6.2 项目演练：击打飞电鼠

在这次的编程创作中，训练师将会完成名叫“击打飞电鼠”的编程作品：角色飞电鼠随机出现，在舞台中短暂停留后消失，然后再次随机出现，玩家需要尽可能地点击飞电鼠，每打中一次就增加一分。下图展示了“击打飞电鼠”的运行界面，我们将通过这个编程项目讲解变量积木的相关应用。

角色飞电鼠随机出现，在舞台中短暂停留后消失，然后再次随机出现，玩家需要尽可能快地点击飞电鼠，每打中一次就增加一分。

训练师，你可以扫描对应的二维码在手机上体验这个作品。

第1步：新建作品

打开图形化编程平台（扫描封底二维码获取网址），新建作品。

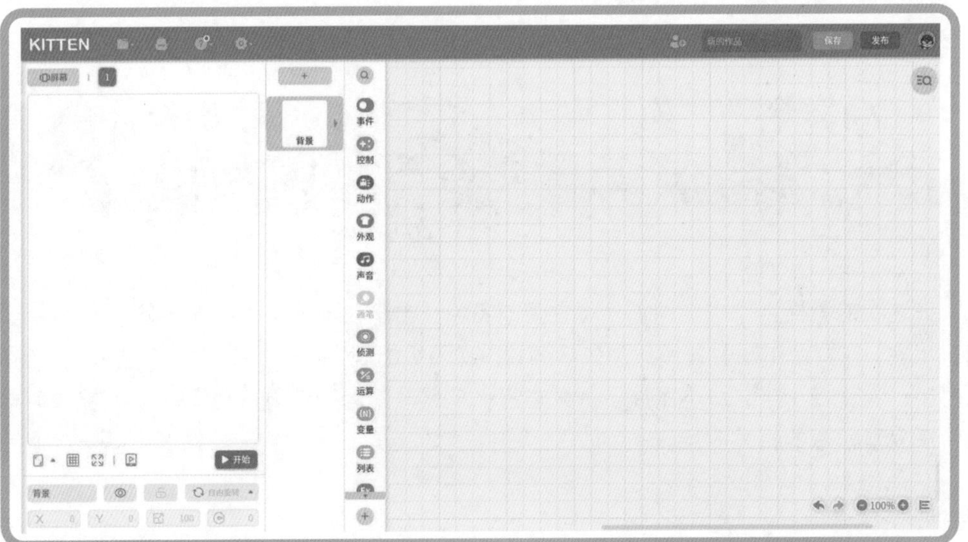

第 2 步：添加背景和角色素材

点击角色区的素材添加按钮，打开“挑素材”，从素材库进入素材商城，然后搜索背景和素材。

第 3 步：添加变量“得分”

在这个击打飞电鼠的游戏中，训练师需要尽可能多地点击随机出现的飞电鼠，每打中一次加一分，由于得分的数值不是常量，换句话说，不是一个固定不变的数值。那么应该如何记录玩家的分数呢？答案就是需要用到“变量”。

举个例子：猫老祖有三盒糖果，编程猫每天都会吃掉几颗糖。所以糖果剩下的颗数和吃掉的颗数都是在不断变化的！我们把变化的糖果当作——变量。变量是一个会变化的数值，而变量积木可用来调取某个设定好的变量数值。现在让我们来试试看吧！

点击积木库的变量积木盒，点击“+ 变量”按钮新建一个变量，取名为“得分”，点击“确定”按钮。

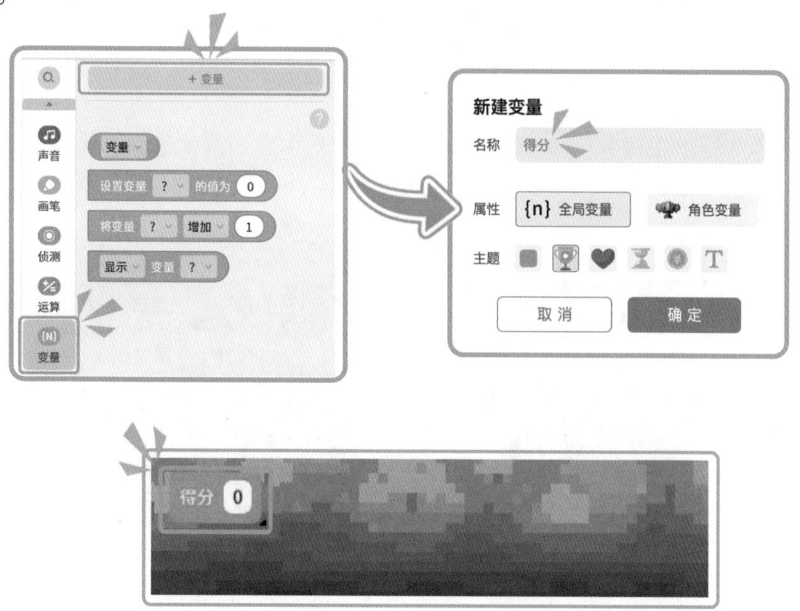

第4步：随机移动的飞电鼠

首先是我们的主角——在猫老祖实验室捣乱的飞电鼠，它能够在舞台中随机切换位置。我们可以使用动作积木盒中的“移到鼠标指针”积木，修改积木为“移到随机”，这样就可以让角色出现在随机位置上了。

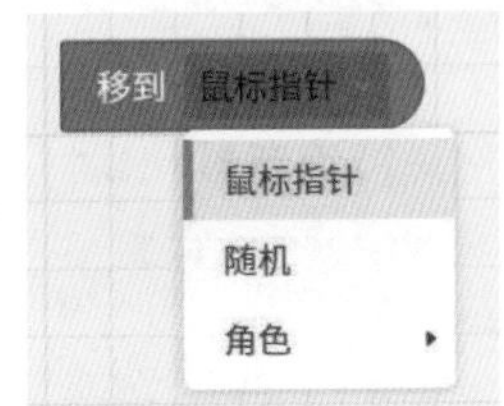

选择角色“飞电鼠”，编写积木脚本。

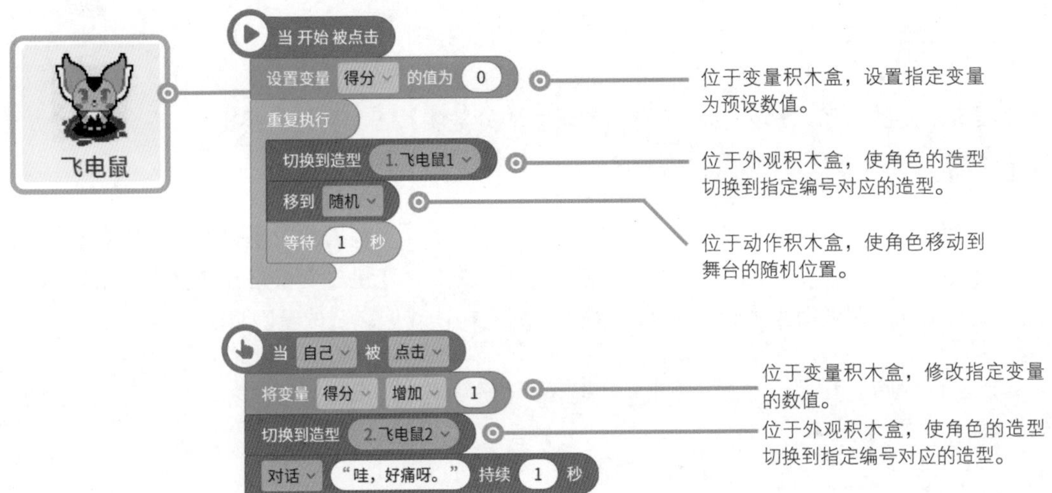

编程猫角色的积木逻辑和飞电鼠角色相似，复制积木后记得修改角色造型和对话内容，被打中后记得变量“得分”会减少。

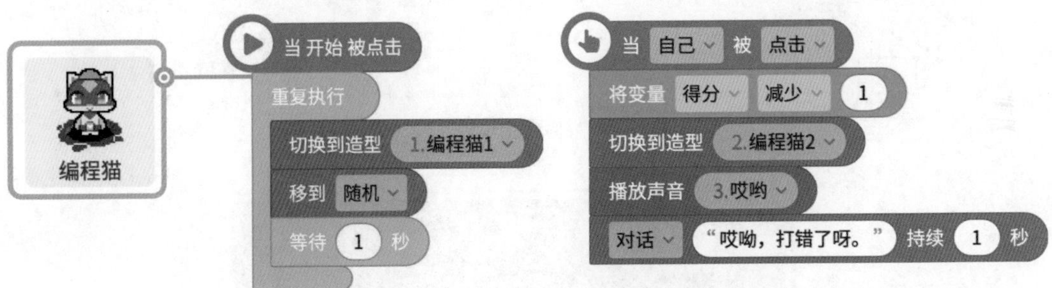

第 5 步：编写“绝缘锤子”积木脚本

飞电鼠可是带电的，当我们直接接触它时会有被电击的危险。在这种情况下，我们需要使用源码积木制作绝缘道具来保护自己。

选择角色“绝缘锤子”，并编写积木脚本。

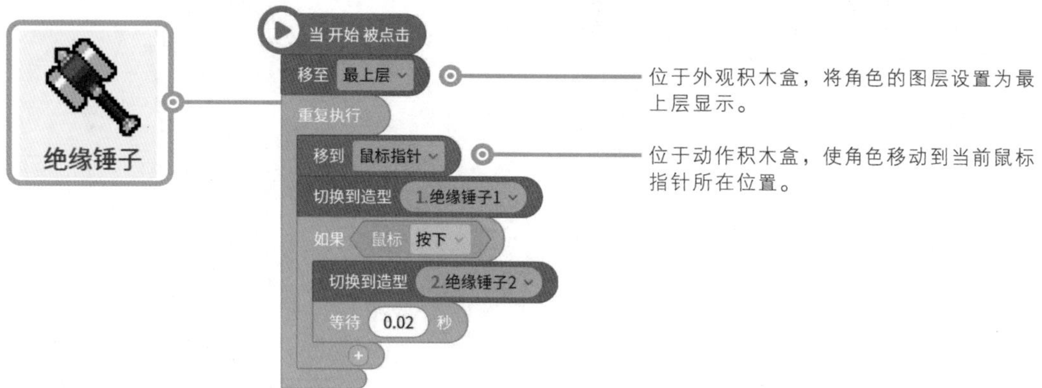

源

在编程猫的图形化编程平台，新变量的命名需要符合以下规则：

（1）变量命名不能重复。

（2）变量名对大小写是敏感的，例如 var、VAR、Var 是三个不同的变量。

（3）首字符不能为数字，变量名所有字符不能包含字母、数字、汉字、下画线以外字符。

变量的命名是一个历史悠久的问题。计算机科学家们提出了许多方法，其中“驼峰命名法”是比较常见的一种，其规则是首字母小写，之后的每个单词首字母大写，如 sideLength、firstName。这样的变量名看上去就像源码精灵沙骆驼的驼峰一样此起彼伏，因此得名。

驼峰式大小写的命名规则可视为一种惯例，并不是强制的代码规范，为的是增加代码的可识别性和可读性，方便其他人阅读源代码与技术交流。

Hello，又来到本期编程猫 TV 了，这次我们邀请的训练师是少院士王嵘（编程猫 ID：四九圣尊），首先让他做下自我介绍吧。

大家好，我是王嵘，曾就读于深圳新莲小学，是编程猫学院的少院士。

王嵘，你能说说你是怎么和编程结缘的吗？

我从 9 岁开始就接触了图形化编程语言和 VB，平常上网喜欢逛关于“游戏”“永动机”的论坛。与编程猫的初次接触缘起于学校里创客老师的推荐，我觉得编程猫和其他平台有很大的不同。

不同的地方是指什么呢?

其他平台只是让学生做出作品，而编程猫提供了可以让大家交流分享的地方，让我们不只局限于自己的小世界，而是走出来跟与自己有着同样爱好的人进行交流、相互支持。

玩《生死狙击》和《我的世界》的过程中，我发现这些游戏玩起来会比较晕，在网上一搜发现它们都是 3D 游戏，而编程猫创作的游戏都是 2D 游戏。这个发现促使我在编程猫的百科上发表过一篇关于“3D 技术”的帖子，这篇帖子引起了其他用户热烈的讨论。

看来编程猫的少院士都非常有钻研精神呢！那么这次王嵘准备给大家分享什么编程作品呢?

我带来的是运用了变量相关知识的编程作品。

训练师时刻

本期训练师王嵘为我们分享的编程作品是“飞机大战”。

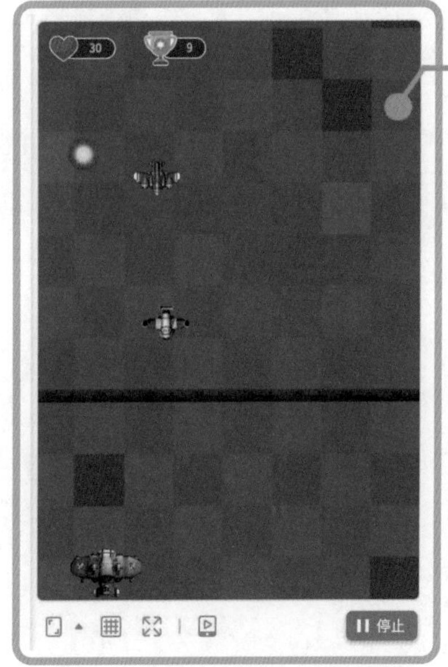

点击“开始”按钮后，使用鼠标控制战斗机移动，战斗机自动开炮，S 键可以召唤大招，7 秒可用一次。当消灭一定数量敌机会召唤 Boss，Boss 的攻击会对攻击区域造成持续伤害。我方战斗机大招可大幅提升对 boss 的伤害，打败 boss 即可获得游戏胜利。

训练师，你可以扫描对应的二维码在手机上体验这个作品。

第 1 步：新建作品，添加相关素材

打开图形化编程平台，将默认添加的角色和脚本删除，然后从素材库进入素材商城。搜索右图中的角色素材并添加到角色区，并设置部分角色隐藏。

第 2 步：准备开始游戏

先给作品添加背景音乐，增强游戏的紧张刺激感吧！

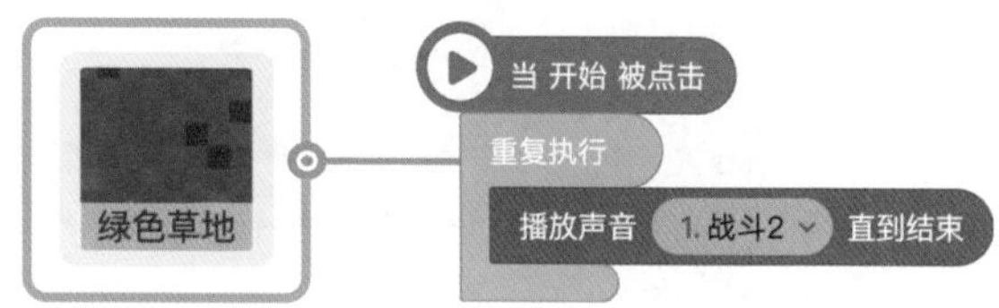

接着选择“飞机大战”“开始 2”角色，点击“开始游戏”按钮后将按钮和标题隐藏起来，游戏开始！

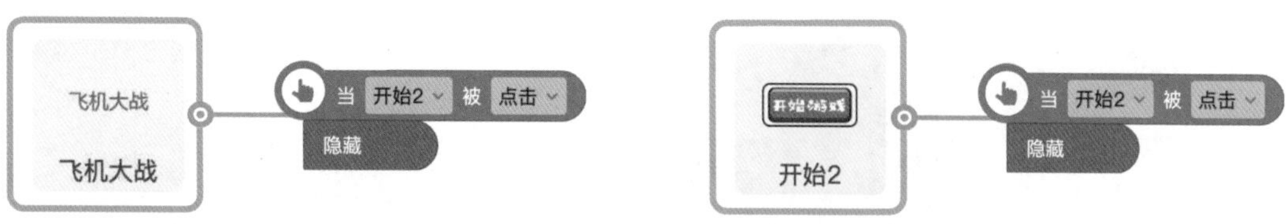

第 3 步：让飞机动起来

首先，显示战斗机并跟随鼠标指针移动。

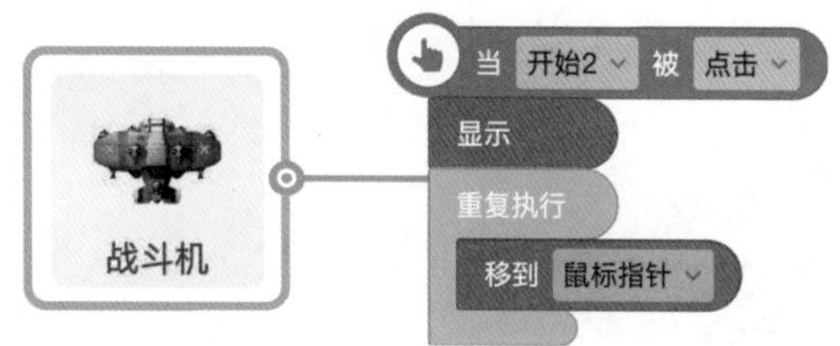

接着，让敌机也动起来。显示敌机并一直向下移动，如果离开了舞台边缘，则会回到舞台上方，再拼接“重复执行”，就能让敌机重复这段指令，不断重复向下移动。在这里，我们把角色的 x 坐标设置为随机数，这样就能让敌机每次出现的水平位置不一样，可能在左边，也可能在右边。

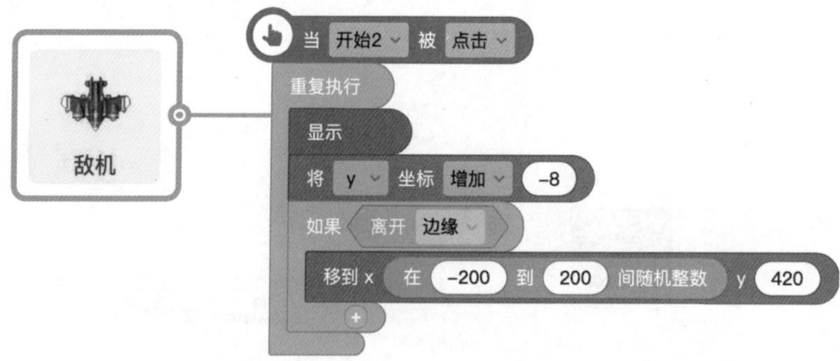

编写“敌机（1）”的积木逻辑和“敌机”相同，复制积木并粘贴后修改一下参数就好啦。

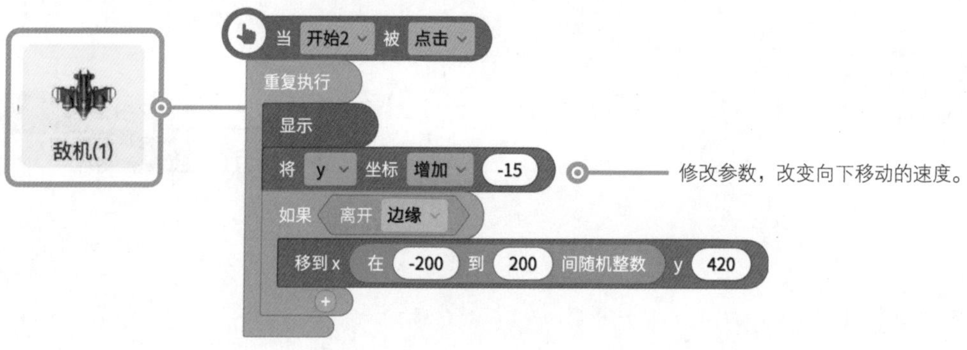

第 4 步：发射炸弹

激烈的战斗开始啦，发射炸弹消灭敌机吧！让炸弹移到“战斗机”的位置后显示，然后让炸弹快速向上移动，直到离开舞台边缘，这样战斗机就能发射炸弹了。

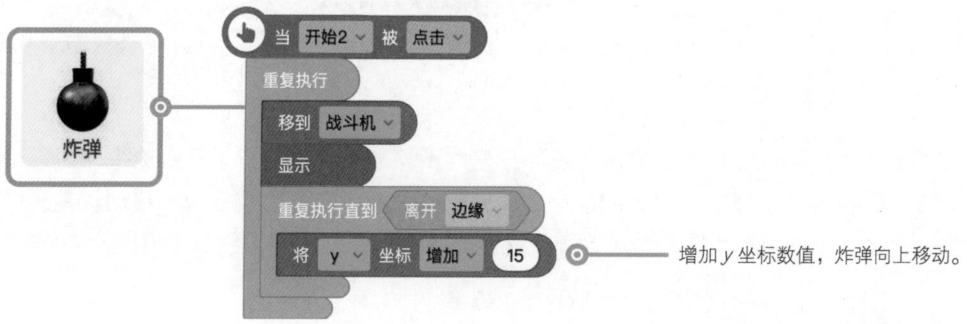

第 5 步：创建变量，记录血量和分数

选中“战斗机”角色，点击积木库的变量积木盒，点击“+ 变量”按钮，新建一个变量，命名为“血量”，用来记录游戏运行状态的己方战斗机的生命值。再新建一个变量“得分”，记录己方战斗机的战绩。

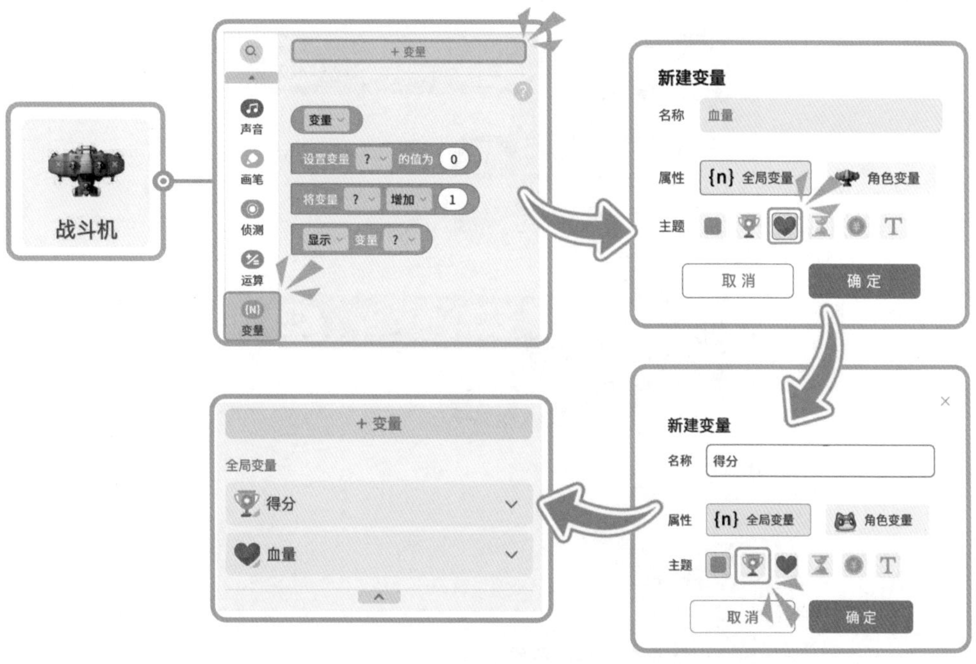

创建好变量后，下面是完成飞机大战游戏的重要一步：在游戏开始运行时，初始化角色的血量和得分。

选中编程角色“战斗机”，编写积木脚本。

血量是会变化的，因为被敌机撞击的时候需要扣血！同时，如果敌机被炸弹击中，就要加分。这里需要用到变量积木盒中的相关积木。

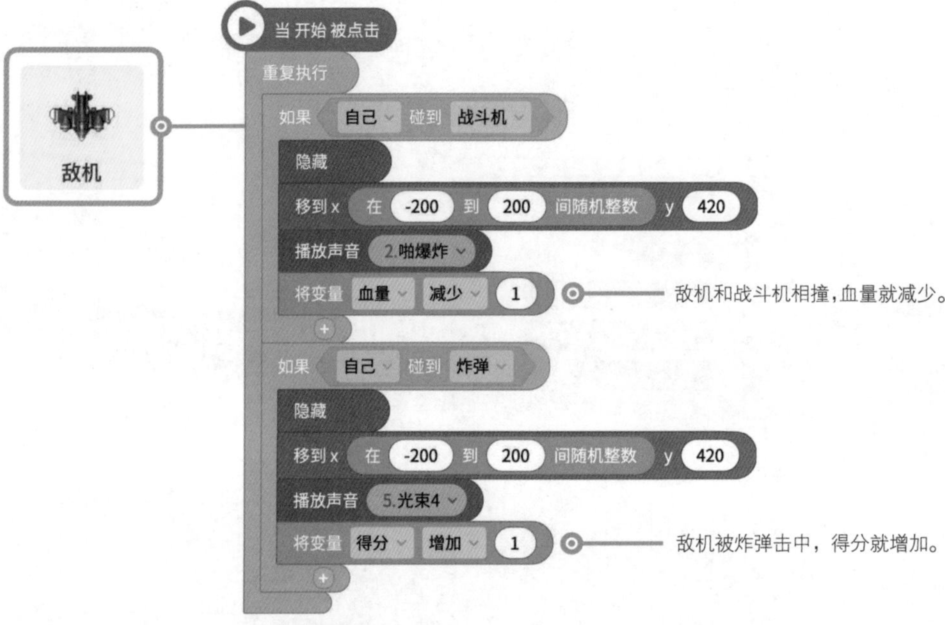

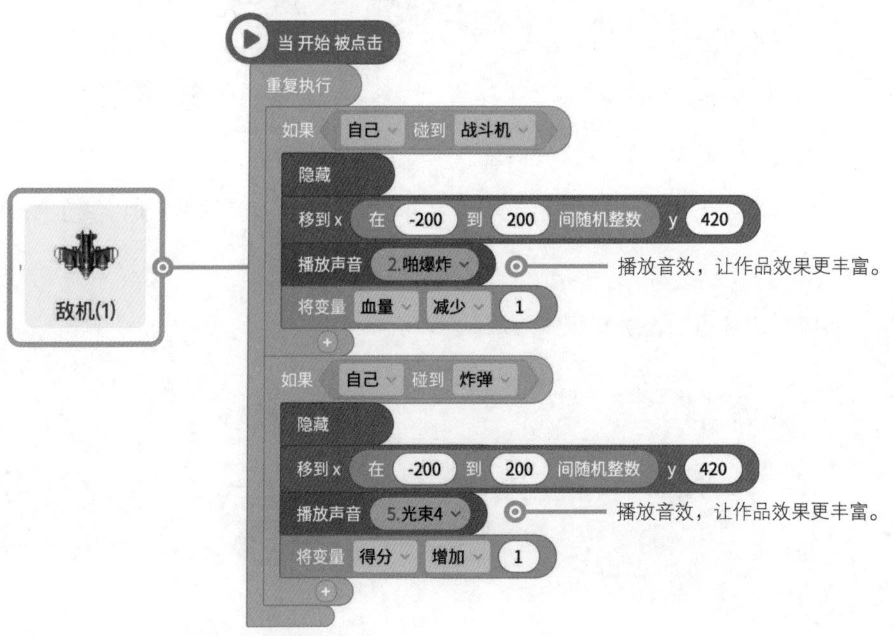

第 6 步：释放大招吧

现在来到最后一个关键环节了，就是如何使战斗机放大招！“大招”，顾名思义就是威力极大的招数。自然是不可能无限释放的，所以要加一个冷却时间。而这里就要运用到我们的变量了。

先来创建好变量吧！

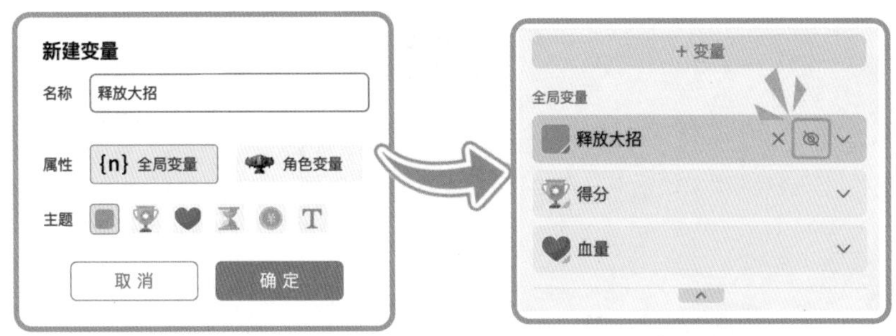

接着选中角色“战斗机”，编写积木脚本，设置角色大招使用次数机制，按下空格键后释放大招。

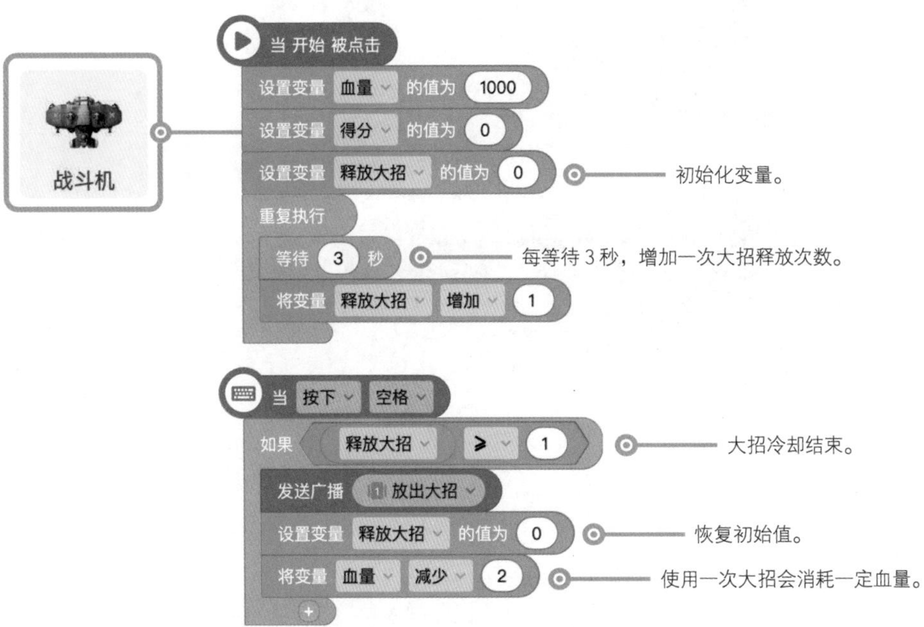

好啦，让大招接收广播后释放吧！

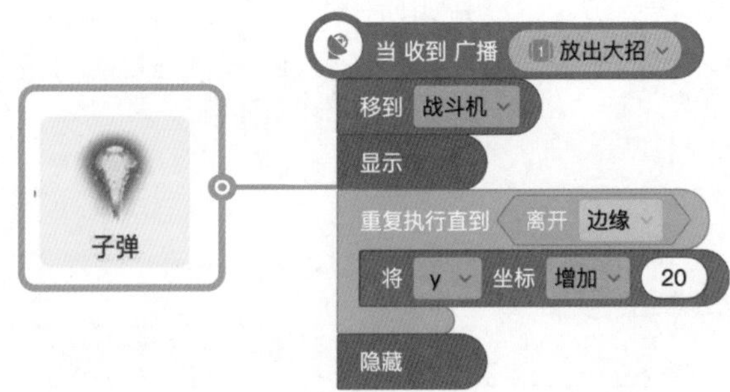

最后，别忘了，“敌机”和“敌机1”都可能会被大招击中，所以我们还需要补充侦测条件！

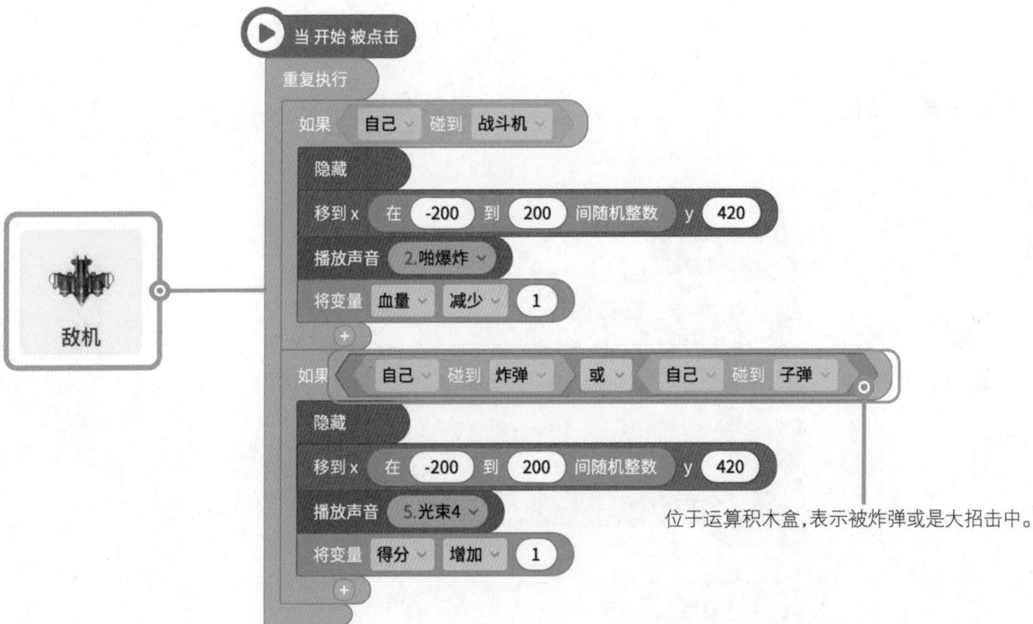

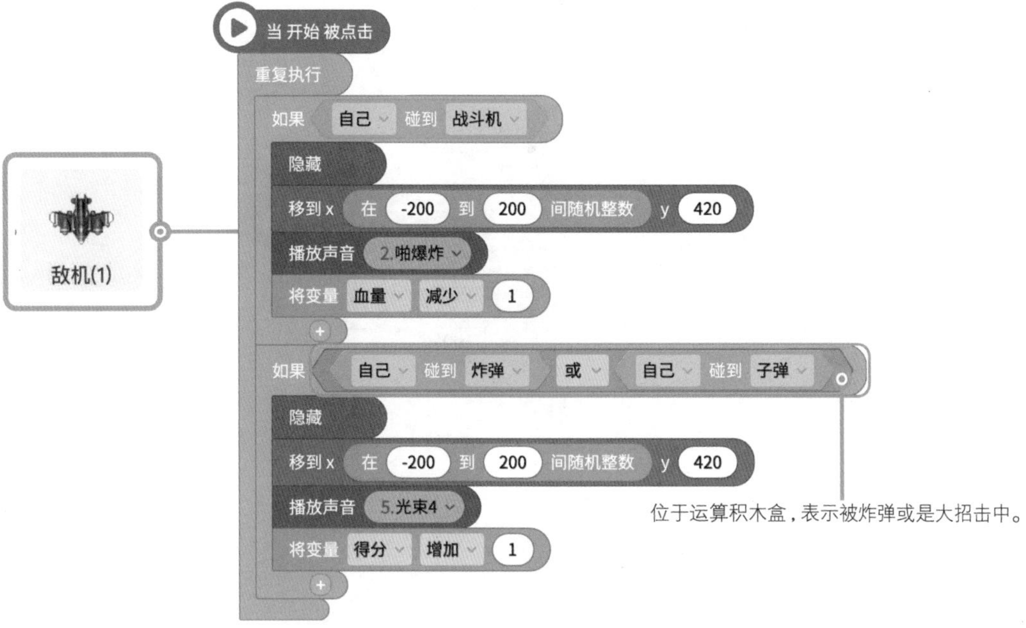

第 7 步：判断游戏结果

缺失游戏目标的游戏，玩家一直漫无目的地击落敌机，会使游戏的趣味性降低。下面我们就来编写程序，给玩家设计游戏目标吧！

选中角色“成功”，如果玩家成功击落 100 架敌机，即得分≥ 100 时，就显示成功。

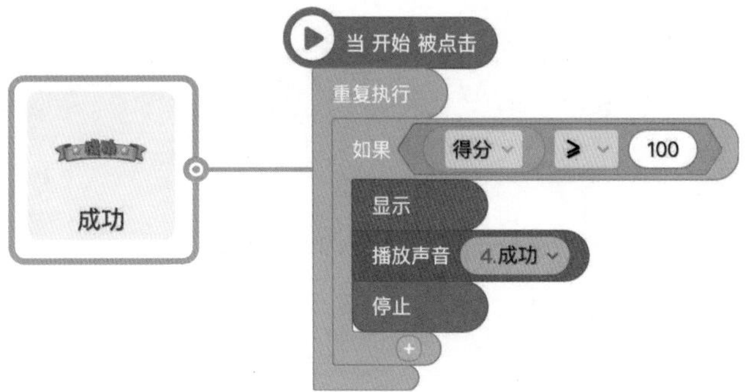

接着选中角色“失败”，如果己方战斗机丧失战斗力，即血量≤0时，就显示失败。

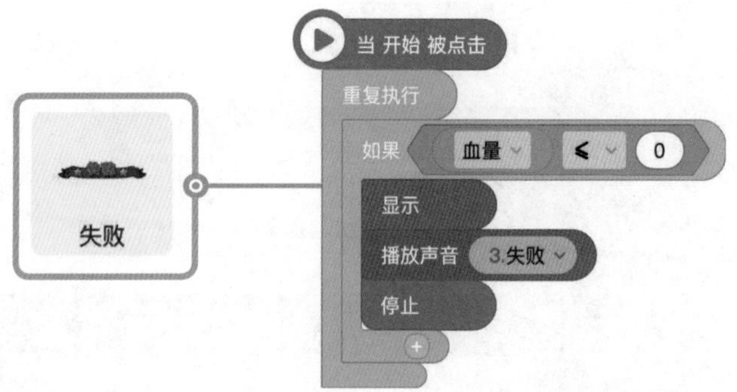

本章结语

• 获得称号 •

中级源码训练师

• 目前攻略进度 •

源码学校新生报到处 95%

• 经验值 •

+20

变量是计算机编程中一块可以存储数据的内存区域。在创作交互性游戏时，如果需要对游戏中的得分、血量等数据进行管理，则训练师可以创建并使用变量来保存数据。在“击打飞电鼠”的游戏项目中，我们使用变量来记录玩家的游戏得分。除此之外，我们还可以尝试加入修改变量 Miss（未击中）的脚本来增加游戏结束的条件，如果 Miss 的数值大于一定值就停止游戏。

学到这里，相信你已经掌握了大部分的变量基础知识，今后请根据自己的实际需要继续精进吧！

练一练

1. 请解释常量和变量的异同点。

2. 变量是创作中经常用到的功能，你知道下列哪些变量名是正确的吗?

A. 123　　B. Coedmao　　C. 编程猫

D. __codemao__　　E. 你好!

3. 训练师阿短 11 岁，小可 12 岁。但是编程猫在用变量统计阿短和小可的年龄时，不小心搞错了：阿短年龄 =12 岁，小可年龄 =11 岁。再给你一个“临时变量”，怎样才能弥补这个错误呢?

A.
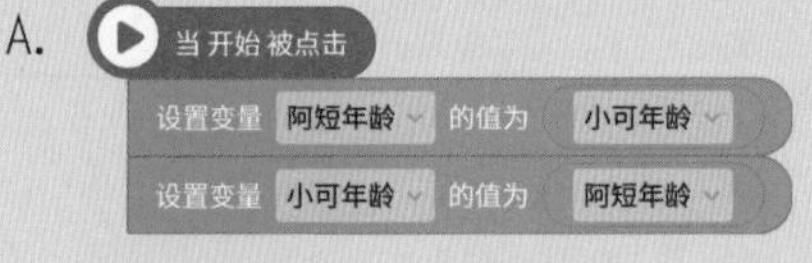

B.
当开始被点击
设置变量 小可年龄 的值为 临时变量
设置变量 临时变量 的值为 阿短年龄
设置变量 阿短年龄 的值为 小可年龄

C.
当开始被点击
设置变量 临时变量 的值为 阿短年龄
设置变量 临时变量 的值为 小可年龄
设置变量 阿短年龄 的值为 小可年龄

D.
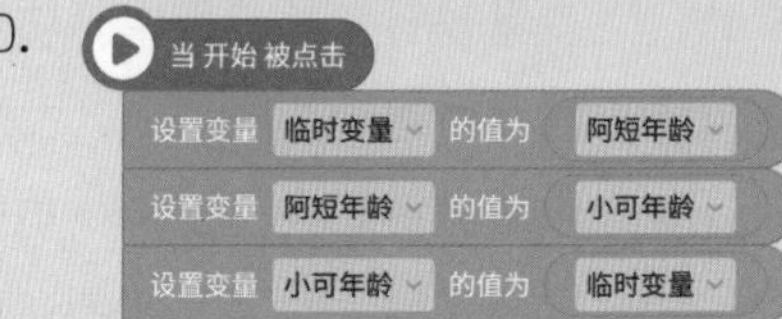

4. 有两个变量 *X* 和 *Y*，*X* 能取的值有“2、5、8、11、14”；*Y* 能取的值有“1、3、5、7、9”。请问下面的算式一共有几种不同的结果?

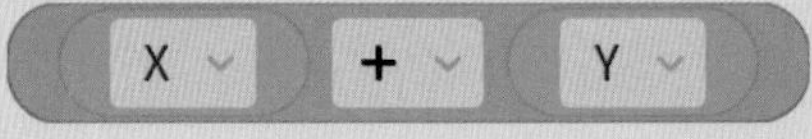

5. 变量精灵储存的值会不断变化，如果变量精灵原本等于 0，那么在运行下面的程序之后，它的值会变成多少呢?

6. 将下列 6 块积木进行组合（不可改变数值），运行后，变量能达到的最大的数值是多少？（请回答变量的最大数值。）

7. 有两个变量 a 和 b，一开始 a 的值比 b 的值大两倍，现在执行下面的积木，当 a 的值变为 16 时，b 的值恰好为 0，请问一开始 a 和 b 的值分别是多少？

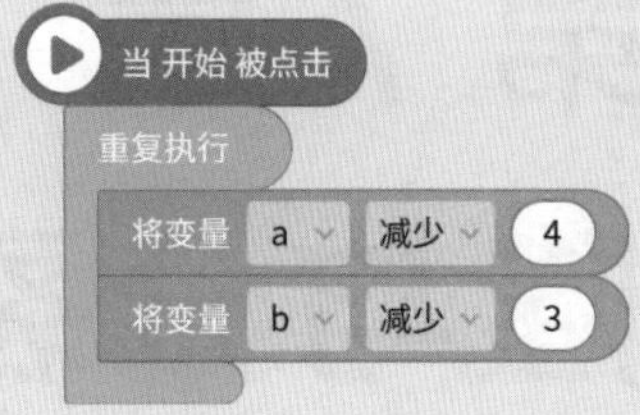

第 7 章 克隆与分裂

试想一下这样的应用场景：在某个游戏中，你需要多个相同的角色，其积木脚本、造型完全相同，不同的仅仅是这些角色的坐标位置。在本章中，我们将教会大家使用克隆与分裂对多个相同角色进行管理和编程创作。

7.1 引言

说起来，编程猫你知道吗？

知道什么呀？

前几天我翻以前写的日记，发现原来自己小时候的梦想是成为一名宇航员！

宇航员吗？坐着飞船在太空遨游，感觉很棒呢！

7.2 项目演练：太空之旅

在这次的编程创作中，训练师将会完成名叫“太空之旅”的编程作品。下图展示了“太空之旅”的运行界面，我们将通过这个编程项目讲解克隆积木与分裂积木的相关应用。

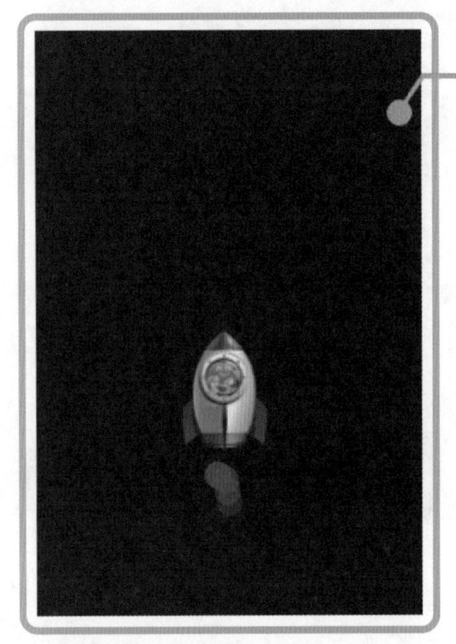

在这次的编程创作中，训练师将会完成这样一个编程作品：开始游戏，火箭点火升空，我们可以通过点击屏幕让火箭移动。

第 1 步：新建作品

打开图形化编程平台（扫描封底二维码获取网址），新建作品。

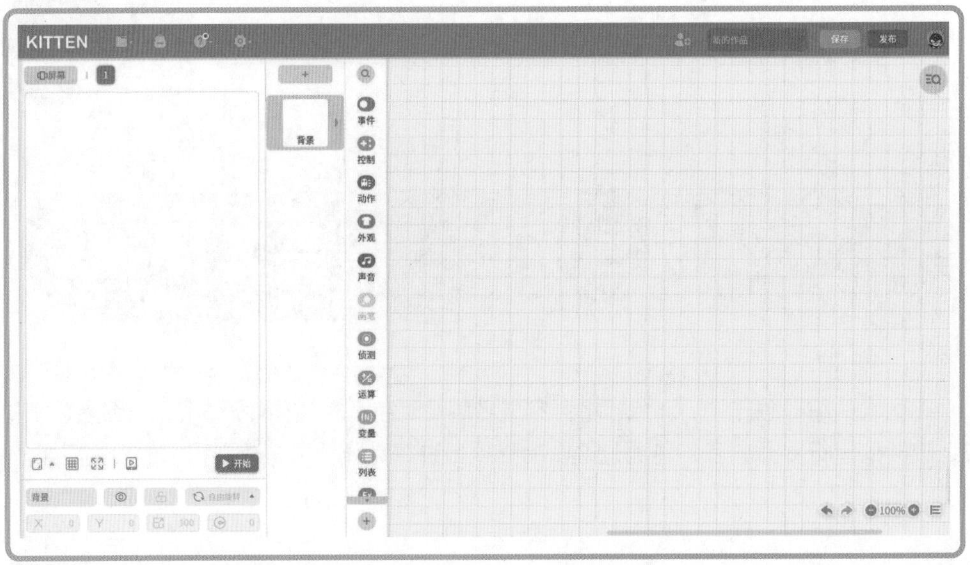

第 2 步：添加背景和角色素材

点击角色区的素材添加按钮，打开“挑素材”，从素材库进入素材商城，然后搜索下图中的背景和角色素材。

第 3 步：添加游戏音乐

点击积木库的声音积木盒，点击“+ 声音”按钮，添加声音素材，并编写以下积木脚本。

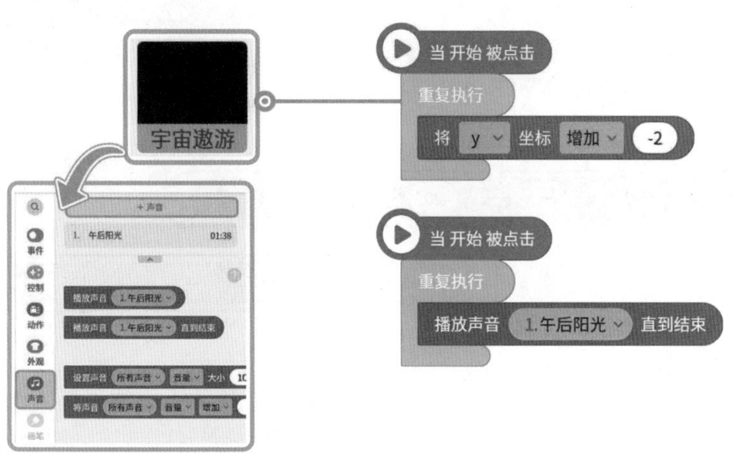

第 4 步：让角色跟随鼠标指针移动

选中角色“源码火箭”，并编写以下积木脚本。

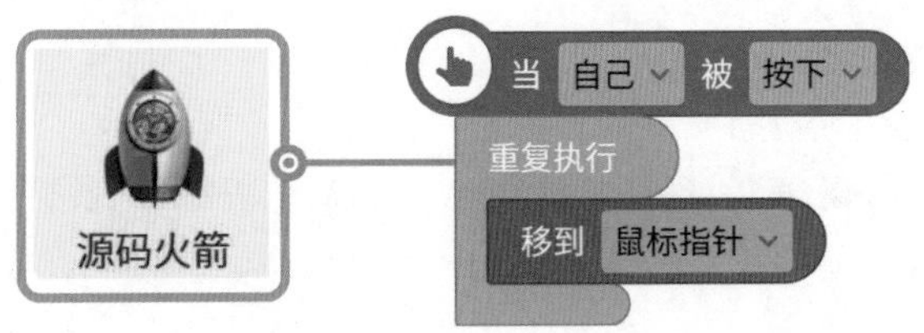

第 5 步：编写火箭尾焰效果

选中角色“尾焰特效”，使用克隆积木，编写源码火箭的尾焰喷射效果。编写积木脚本如下。

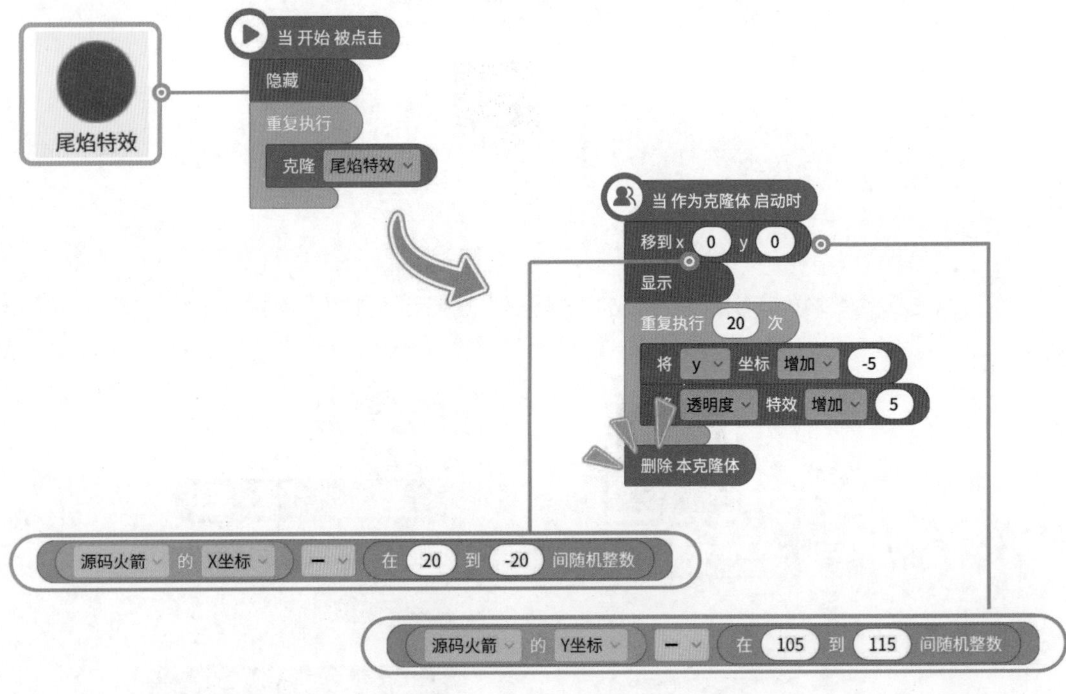

如上图积木脚本所示，我们会控制克隆出来的尾焰特效克隆体，移动到源码火箭的喷射口处。然后让尾焰特效克隆体慢慢变透明直到看不见，同时往下移动。最后删除该克隆体。如果不删除克隆体，那么舞台中的克隆体会越来越多，最终导致浏览器性能下降，甚至是崩溃。

源码小百科

喷射火焰的效果，其实还可以通过分裂积木实现。现在让我们来了解一下分裂与克隆的区别，在了解它们的区别后，才能根据实际情况，选择合适的积木进行创作。

什么是克隆

克隆是在游戏中复制一个空代码角色，只克隆角色的初始外形、动作、方向，不会克隆任何的积木脚本，无论本体怎么运行，克隆体都不会有所变化。

通常克隆积木需要搭配另一块积木一起使用，就像广播一样，需要发送广播积木与接受广播积木配合使用。而“克隆（ ）”积木也需要和“当作为克隆体启动时”积木搭配使用。

克隆 ?

克隆积木功能相当于复制一个不带脚本的角色，想要控制复制出来的角色，就需要用到（当 作为克隆体 启动时）积木，它能帮助我们控制克隆出来的角色。

由于克隆体不会执行克隆本体的积木脚本，所以如果想要让克隆体运行，就需要用到（当 作为克隆体 启动时）积木。积木下方所连接的脚本就是克隆体的脚本，并且是所有克隆体都运行这些脚本，克隆体也可以继续克隆角色。

什么是分裂

分裂的角色除了复制外形，还会继承原角色的积木，将选中角色的所有代码复制一遍，并将分裂体分裂到设定的坐标位置。也就是说，本体做什么，分裂体就做什么。

分裂 编程角色 到 x 300 y 200

在使用“当开始被点击”作为条件时，分裂积木不要随便使用在角色自己身上。因为所有的分裂体都会不断执行分裂积木，形成可怕的指数型增长，增长爆炸会导致页面直接崩溃。 大家可以在背景中分裂其他的角色。

克隆与分裂的区别

克隆与分裂最大的区别就是，一个不会继承本体积木脚本，一个会继承本体所有的积木脚本。

如果你想要让复制出来的角色能运行与本体一样的脚本，那么使用“分裂”是最方便的；反之，如果你想要复制的角色与本体执行不一样的脚本，那么选择“克隆”会更加方便。

Hello，又来到本期编程猫TV，这次我们采访到的嘉宾可是“重量级”的！

没错，那位重量级嘉宾就是我啦！

咳咳……咳咳咳咳……

真正的重量级嘉宾好想有点按捺不住了，先来做下自我介绍吧！

大家好！我是来自北京的常昊然。

来自北京！听新闻上说过去北京的“雾霾”很严重，是这样的吗？

嗯，过去北京的“雾霾”可是相当“严重”，厨房油烟可做出了不少“贡献”。我出于对环境保护的责任，潜心钻研如何减少厨房油烟，最终自主研发出智能燃气油烟一体机，并已经提交国家知识产权局申请专利。

哇！这么厉害！那你平时是有参加一些科技类的赛事吗？

当然有啦！我曾参加全国、市和区 20 多场科技比赛，并获得全国未来工程师赛团体三等奖、二等奖、个人一等奖。全国首届新能源赛车大赛最佳工程奖。北京市首届创客秀项目二等奖、人气一等奖。北京市“小院士”课题研究评审活动一等奖等 30 多个奖项。

小小年纪就拥有这么多大赛经验。听说你还参加了编程猫举办的第一届编程挑战赛？

是的，还记得当时是 2015 年的暑假，我经同学介绍加入编程猫，并一同参加了第一届编程挑战赛。只可惜，当时因能力不足，没有取得很好的成绩。随后在编程猫官网开始系统学习编程。2016 年，编程猫举办第二届编程挑战赛。经过历练的我，带领雪豹突击队卷土重来，最终获得全国等级榜第一名，赢得硅谷游奖学金。

训练师时刻

本期训练师常昊然为我们分享的编程作品是“新春贺岁捡金币”。下图展示了“新春贺岁捡金币”作品的演示界面。

移动编程猫，在最短的时间完成捡金币任务。

训练师，你可以扫描对应的二维码在手机上体验这个作品。

第 1 步：新建作品，添加相关素材

打开图形化编程平台，新建一个作品，然后从素材库进入素材商城。搜集右图中的角色素材并添加到图形化编程平台的角色区。

点击积木库的变量积木盒，点击“+变量”按钮，新建两个变量，命名为“金币数”和“时间”，用来记录游戏运行状态时获得的金币数和时间，并且在新建变量时分别修改变量的样式为“金币”和“计时器”。

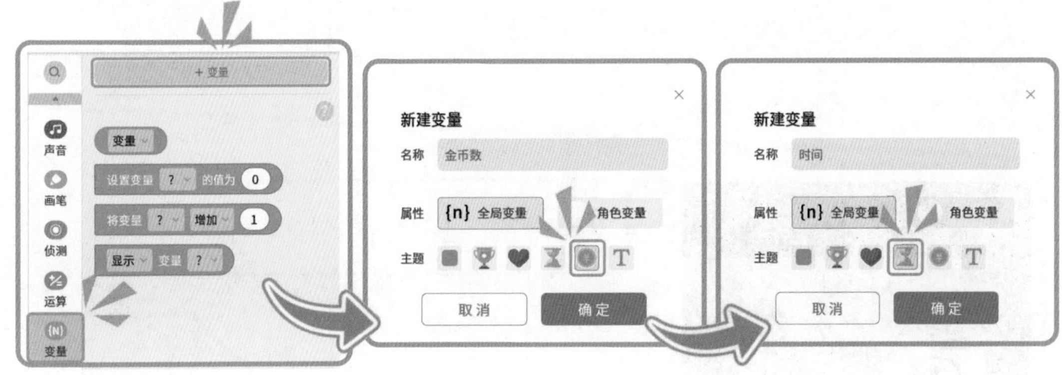

选中背景角色“新春贺岁”，“当开始被点击”将变量“金币数”初始化为0，并隐藏金币角色。

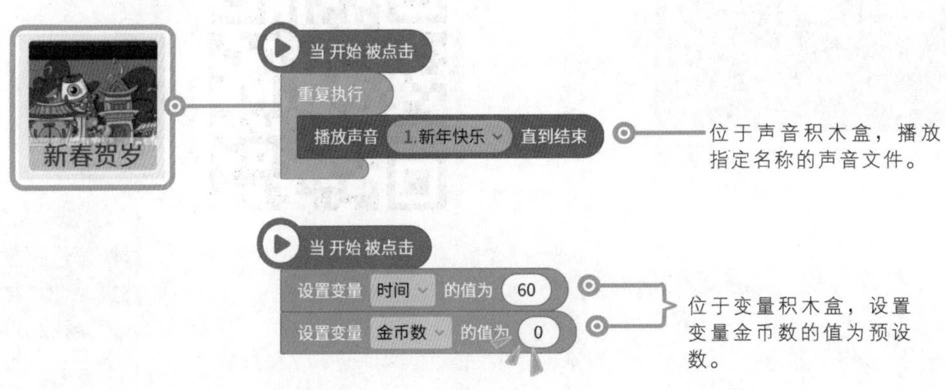

第2步：对角色“编程猫”进行编程

选中角色“编程猫”，编写积木脚本，当对话积木运行结束后，发送“开始游戏”广播消息，编程猫重复切换走路的造型动作。接收到“开始游戏”的广播消息后，编程猫始终移动到鼠标指针位置，直到“时间=0”。

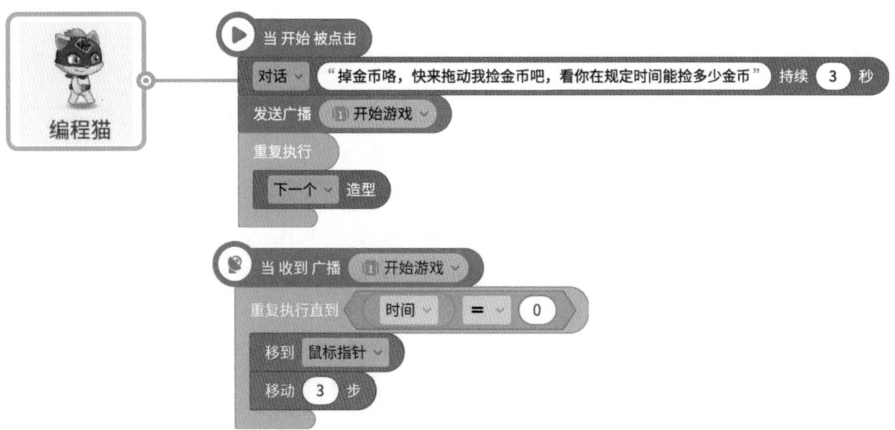

第 3 步：对角色“蓝雀”进行编程

选中角色“蓝雀”，编写积木脚本：当开始被点击，蓝雀会执行重复拍动翅膀的动作。当接收内容为“开始游戏”的广播后，积木运行经过随机几秒时间，就会自动在舞台克隆角色“源码金币”。

在这里，因为随机数积木只能出现随机整数，因此这里需要将随机整数除以 10，换算成小数。

同时，接收到“开始游戏”消息后，蓝雀始终向右移动 20 步，碰到边缘就反弹，直到“时间 =0”。

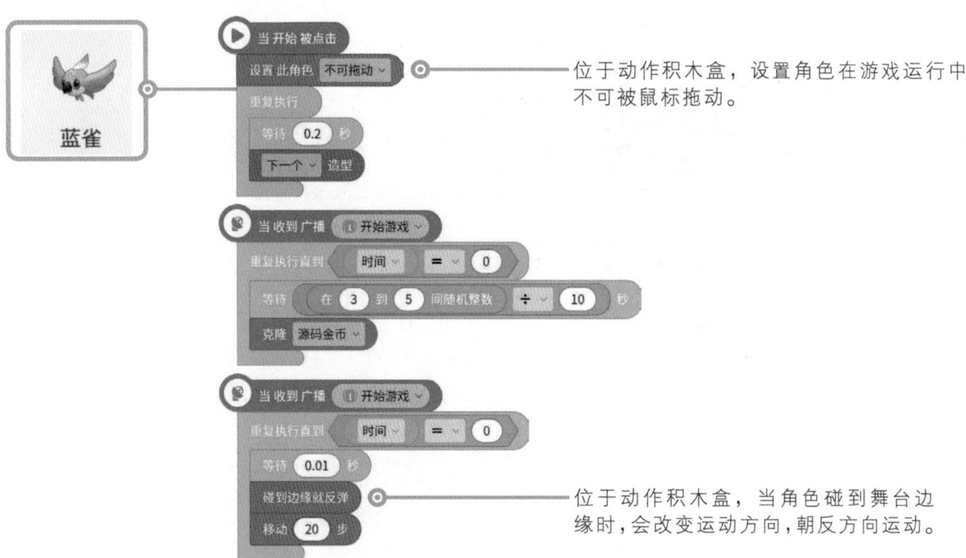

第 4 步：对角色“源码金币”进行编程

选中角色“源码金币”，编写积木脚本：当程序开始克隆时，克隆的角色“源码金币”会移动到角色“蓝雀”所在位置。克隆出来的“源码金币”会重复减少自身的 y 坐标，往下掉落。在掉落的过程中，如果“源码金币”碰到角色“编程猫”，那么源码金币会执行从舞台处删除自身的操作，然后增加变量“金币数”的数值。此外，如果“源码金币”在掉落过程中始终没有碰到角色“编程猫”，那么也会执行从舞台处删除自身的操作，但不会增加变量“金币数”的数值。

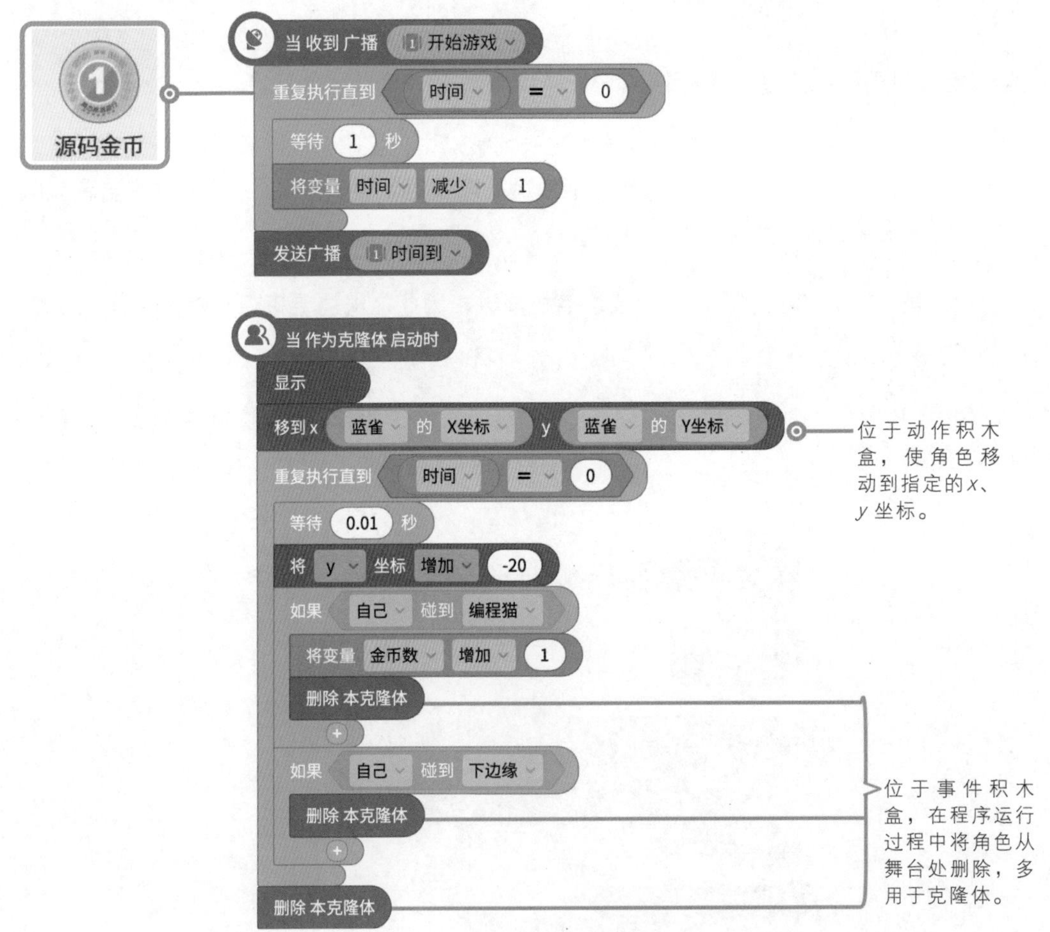

本章结语

• 获得称号 •

高级源码训练师

• 目前攻略进度 •

源码学校图书馆 100%

• 经验值 •

+20

在本章中，我们学习了克隆积木和分裂积木的相关知识。我们可以把被克隆前的角色对象称为“本体”，克隆出来的新角色称为“克隆体”。克隆体只有初始外形、动作、方向等属性和本体一样，内部的积木脚本是空的。我们可以使用“当作为克隆体克隆时”积木来给克隆体添加一些自己专有的积木脚本。这样能使克隆体具备一些本体不具备的特性。而使用分裂制造出来的分裂体除了复制外形，还会继承本体的积木。这是克隆积木和分裂积木的最大区别。

练一练

1. 请解释克隆积木和分裂积木的异同点。

2. 运行以下积木，最终舞台上会有多少只编程猫（编程角色的个数）？

3. 在事件积木盒中的克隆积木需要和以下哪块积木配合使用？

A. 

B. 分裂 编程角色 到x 300 y 200

C. 当 自己 被 点击

D. 当 作为克隆体 启动时

4. 当编程角色运行了以下积木时，会有什么效果呢？

A. 没有任何变化。

B. 编程猫向右移动 50 步，编程猫克隆体不动。

C. 编程猫向右移动 50 步，编程猫克隆体向左移动 50 步。

D. 编程猫不动，编程猫克隆体向右移动 50 步。

5. 当运行以下积木时，编程猫和编程猫克隆体的坐标分别是多少呢？

A. 编程猫(13,-243)；编程猫克隆体(13,-243)。

B. 编程猫(113,-243)；编程猫克隆体(-113,-243)。

C. 编程猫(113,-243)；编程猫克隆体(13,-243)。

D. 编程猫(13,-243)；编程猫克隆体(-113,-243)。

6. 阿短想要在舞台中克隆 100 个编程猫并让它们排列成 10×10 方阵。当阿短好不容易拼完了下面的积木之后，却发现效果有些不理想。训练师，你能帮助阿短找出问题在哪儿吗？

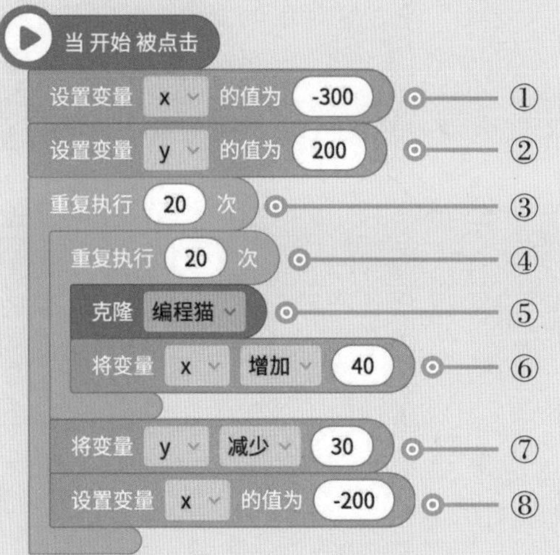

7. 编程创作：如下图所示，请使用克隆积木和分裂积木，做出冬日下雪的效果吧！